AF498929

ESSAIS

DE

SÉRICICULTURE

ESSAIS

DE

SÉRICICULTURE

DANS

LE DÉPARTEMENT DU GERS

(Éducations de Vers à Soie des BOMBYX MORI et CYNTHIA, faites à l'Asile public d'Aliénés du Gers, en 1860).

Par M. le Docteur TEILLEUX,

Directeur-médecin de l'asile d'aliénés et maison de secours d'Auch,
Membre de la Société d'agriculture du Gers,
Correspondant des Sociétés d'agriculture des Deux-Sèvres, de la Lozère, etc.,
Membre correspondant de la Société médico-psychologique, des Sociétés de médecine de Marseille, Nancy, Metz, Niort, etc.
et des Académies des sciences de Marseille, Valence, Barcelonne, etc.

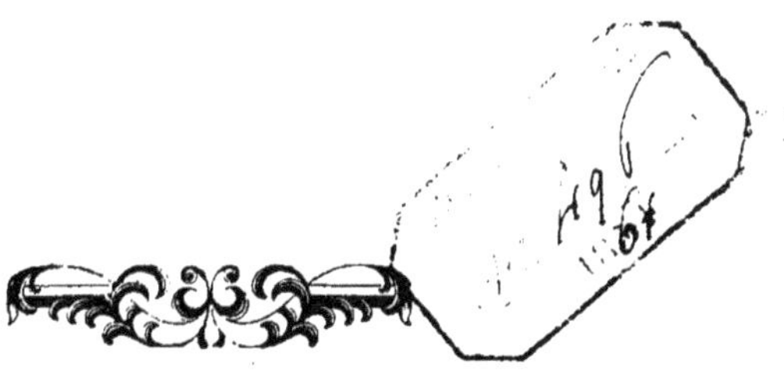

AUCH

IMPRIMERIE ET LITHOGRAPHIE FÉLIX FOIX, RUE BALGUERIE.

—

1861

AVANT-PROPOS.

Le département du Gers est surtout agricole : ses produits principaux sont les vins et les céréales; les pâturages viennent ensuite comme valeur de rapport. Le Gers, la Save, la Gimone sont bordées de riches prairies et de champs fertiles. Des vignes couronnent leurs coteaux et s'étendent sur les flancs de leurs collines. Quand les vignes cessent, les bois commencent à paraître, et malheureusement quelquefois aussi des pentes et des crêtes arides et dénudées. La Baïse, l'Adour, la Gélise ont bien aussi des blés et des foins dans leurs vallées; mais des vignobles aux ceps vigoureux couvrent la presque totalité du sol cultivable arrosé par ces cours d'eau. Je n'omettrai point de dire que d'espace en espace se rencontrent, là aussi, de larges surfaces de terre infertile, où ne fleurissent que les genêts et les ajoncs. Les blés de l'arrondissement d'Auch méritent, à juste titre, leur réputation; ceux de Lectoure, Lombez et Mirande sont également estimés. Condom a presque le monopole du commerce des excellentes et suaves eaux-de-vie que l'on retire de vins un peu âpres dus au *pique-poût* dont les pampres garnissent le sol d'une partie du centre et de l'ouestnord-ouest du département. Ajoutez à ces produits, qui se comptent par millions, qui s'exportent en Angleterre, en Amérique, en Russie, nos bestiaux, nos bœufs, nos chevaux, nos mules, nos moutons, nos volailles, qui servent spécialement à la consommation du pays, vous avez le bilan de la richesse publique dans le Gers.

L'industrie n'y est jamais née. Les matières premières qui, de nos jours, la forcent quand même à se développer dans une contrée n'existent pas chez nous : point de gisements de houille, point de minerais de fer, point de grandes chutes d'eau, point d'immenses forêts, etc. Et puis, l'homme du pays peut, avec son travail, tirer du sol tout ce dont il a besoin : la nature, sans avoir été généreuse outre mesure à son égard, n'a point non plus été marâtre pour lui. Il vit content sous le ciel où il est né; il aime son clocher, n'est point ardemment tourmenté du désir d'augmenter son honnête aisance, fruit de son labeur. Au plus, voudrait-il arriver, sur ses vieux jours, à carrer son champ, à arrondir le lopin de terre que lui a légué sa famille. Rien ne l'inquiète, et il ne demande rien au-delà de ce qu'il a toujours vu, de ce que lui donne la terre, de ce qu'il peut se procurer avec ses épargnes. Il n'a point couru le monde et n'a point été initié à toutes les jouissances artificielles, souvent fâcheuses, dégradantes même, que l'on se crée et qui finissent par devenir des nécessités absolues pour l'existence. Partant, point chez nous de ces misères matérielles et morales qui, pesant fatalement sur toute une contrée, forcent ses habitants à émigrer ou à se jeter dans l'industrie.

Si vous parcourez le département, à peine y apercevrez-vous une construction quelconque qui rappelle l'usine, la manufacture, la fabrique proprement dite... Quelques grandes minoteries, aux abords de nos plus importants centres de populations, faisant mouvoir leurs roues gigantesques et réduisant en farine le blé du pays; quelques tuileries, quelques poteries assises près des villes et à travers les campagnes, sur les bancs d'argile exploitables à l'usage des tuiliers et potiers; des fours à chaux; parfois, au fond d'une gorge, dans une étroite vallée, une scierie de bois, au cri strident, que les eaux du ruisseau qui serpente et court sur des cailloux mettent en mouvement; parfois, des métiers à toiles de ménage ou à étoffes de laines grossières, battant avec bruit au coin d'une rue de village, composent l'ensemble de nos établissements industriels. J'oublie de dire que dans l'Armagnac, après les vendanges, des colonnes de fumée, s'élevant non loin de chaque habitation, annoncent au voyageur la présence de riches distilleries de cette eau-de-vie qui porte fièrement, dans le commerce, le nom de la contrée où on la fabrique.

Comme on le voit, les quelques usines que nous possédons sont même encore, j'ose dire, des usines agricoles; elles ont pour éléments de fabrication des produits récoltés dans le département, quand le sol et sa transformation n'en constituent pas tout à la fois la matière première et l'objet fabriqué.

Dans le Gers donc, avec les tendances connues de ses habitants, les aptitudes de sa population, vouloir créer des habitudes qui ne s'appuieraient point sur le sol, chercher à y implanter des innovations qui ne procèderaient point de la mise en exploitation des produits de la terre, ce serait aller contre le sens commun et s'exposer nécessairement à des mécomptes. Mais tendre à y accroître la richesse agricole, à y augmenter la surface de culture, à y constituer une plus-value considérable de rapport de la terre, c'est entrer complètement dans les idées du pays. Ce n'est pas, toutefois, qu'à diverses époques les plus fructueuses innovations y aient tout d'abord été favorablement accueillies : le maïs, la pomme de terre, les récoltes sarclées, les prairies artificielles ne se sont que peu à peu et timidement introduites dans nos assolements. M. d'Etigny a complètement réussi à faire prospérer dans la généralité la culture du blé d'Espagne; il n'a pu y voir ses tentatives de régénération de la race ovine obtenir le résultat qu'il en attendait, et ses efforts pour constituer la sériciculture aux bords du Gers ont également été impuissants. Cependant, quelle contrée plus apte que la nôtre à la production de la soie? Il semble que la

Providence ait tout fait pour que cette riche culture s'étende largement des bords de la Save aux rives de l'Adour. Tous les élevages tentés à titre d'essai ou sur une grande échelle, depuis le jour où l'on procéda à l'introduction du *bombyx mori* dans la généralité d'Auch, ont constamment donné des bénéfices sérieux et payé, avec usure, la peine des sériciculteurs. Qu'attend-on encore pour faire du Gers un pays par excellence de production séricicole? Les nombreux mûriers plantés naguère aux flancs de nos collines, dans nos vallées, le long des grands chemins, grandissent, se couvrent d'une verdure forte et épaisse. Et cependant, combien d'entre eux, privés de soins de culture, ont été maltraités par les animaux, torturés par les passants! N'aurait-on pas déjà pu nourrir, grâce aux feuilles de ces arbres, presque tous jeunes encore, d'importantes éducations de vers à soie et produire, de la sorte, une augmentation de revenu pour le pays, sans compter que, d'année en année, cette source de profit irait grandissant?

Mais si le mûrier exige un terrain d'une fertilité au moins ordinaire, si son rapport est en raison surtout des soins qu'il reçoit, s'il préfère végéter dans un sol meuble, légèrement humide, si nos vallées lui conviennent mieux que nos collines pierreuses, à sol argileux le plus souvent et compact, le vernis du Japon, l'*aylante glanduleux* est peu soucieux de la nature de la terre dans laquelle on le plante. Robuste, capricieux quelquefois lors de sa transplantation, il aime à vivre partout et pourrait très bien aider au reboisement de nos âpres collines, au repeuplement de nos maigres plateaux, où manque la terre végétale, où l'acacia lui-même et le pin sylvestre auraient peine à s'accoutumer. S'il en était ainsi, si nos terrains les plus infertiles étaient plantés de vernis, si rabougris qu'ils fussent même, ces arbres pourraient encore être utilisés sinon pour leur bois qui, lorsqu'il atteint une certaine grosseur, n'est pas sans valeur, mais bien pour doter le département d'un élément nouveau de produit.

Le vernis du Japon nourrit un parasite, le *bombyx cynthia*; la chenille de ce papillon vit au dépens des feuilles de l'aylante. L'acclimatation du cynthia est acquise à la France. Le ver de ce bombyx est rustique comme l'arbre qui le porte, et les soins dont on entoure le ver à soie du mûrier ne lui sont point nécessaires. Quelques jours après son éclosion, il peut être déposé en plein air sur les rameaux dont il fait son alimentation, et là s'opèrent, sans que l'on ait plus besoin de s'occuper de lui, toutes les transformations qui précèdent son passage à l'état de chrysalide. La montée terminée, il ne s'agit plus que de procéder à la cueillette du cocon.

Ces considérations, les idées que nous venons d'émettre, la certitude où nous étions de nous trouver d'accord avec les habitudes du pays et de ne pouvoir les froisser en aucune façon, la volonté surtout que nous avions de chercher à servir ses intérêts, enfin, les encouragements que nous avions reçus de haut lieu, les conseils qui nous avaient été bienveillamment donnés de toutes parts, relativement aux essais de sériciculture, un peu abandonnés dans le Gers, et que nous désirions reprendre, nous ont engagé à nous mettre à l'œuvre. L'établissement que nous dirigeons possède abondamment des mûriers. Nous nous sommes procuré de la graine de vers de bonne qualité, et nous avons procédé à la mise à exécution de notre éducation.

Mais sur le sol de l'asile, côte à côte avec nos arbres, originaires de la Chine, dont les rameaux nourrissent le ver à soie, grandissent des aylantes du Japon; et la Société zoologique d'acclimatation a bien voulu nous adresser de la semence du bombyx cynthia. Aussitôt après l'avoir reçue, nous l'avons mise en éclosion. Nos œufs de bombyx indo-chinois éclos, nos vers nés, nous avons pu faire marcher simultanément nos deux élevages.

Chaque visite à nos chambrées d'éducation était pour nous une occasion d'études, un motif d'observation. Nous inscrivions scrupuleusement chaque soir ce qui s'y était passé dans la journée. Tout ce qui était relatif à nos élèves nous intéressait singulièrement. Autrefois, en Espagne, en Algérie, en Portugal, etc., dans le midi de la France, nous avions souvent vu des magnaneries, mais sans arrêter sérieusement notre attention sur ce qui s'y faisait, sur la manière dont on y procédait à l'élevage de la chenille du mûrier. Cette fois, un but utile, une actualité palpitante nous forçaient à nous en occuper sérieusement. Ce sont les notes résumées de nos essais d'éducation des bombyx mori et cynthia qui ont servi de point de départ aux mémoires imprimés dans cet opuscule et fourni les matériaux qui en constituent la substance. Rédigés d'abord sous forme de rapports, afin d'être présentés à M. le préfet, ces travaux ont dû subir quelques modifications, peu importantes, il est vrai, et surtout ne touchant en rien aux questions scientifiques et pratiques y traitées, avant d'être livrés au *Bulletin archéologique* et à la *Revue agricole* du Gers, qui nous avaient gracieusement ouvert leurs colonnes. Il était de convenance indispensable, de rigoureuse nécessité, que nos mémoires fussent de tous points appropriés aux exigences des intéressants recueils où ils allaient paraître. Puissent-ils y avoir captivé l'attention des lecteurs et aider, si peu que ce soit, à replacer la question de la sériciculture dans le Gers sous son véritable point de vue.

Mais hâtons-nous de terminer ce rapide aperçu où se trouvent expliquées les raisons qui nous ont porté à entreprendre nos essais d'éducation des bombyx mori et cynthia et motivé notre publication. Seul, l'intérêt du pays nous a guidé dans nos tentatives de rénovation, j'ose dire, de la pratique séricicole : notre but, en confiant nos mémoires à l'impression, est encore d'essayer de contribuer par leur publicité à accroître la richesse du département.

Du reste, si nous nous étions trompé dans nos appréciations à cet égard, nous aurions pour excuse les paroles mêmes de S. Exc. le Ministre de l'agriculture et du commerce dans son rapport du 11 mai courant à l'Empereur : « Depuis quelques années, » y est-il dit, au nombre des faits importants qui, en économie » agricole, doivent appeler, d'une manière toute spéciale, l'at» tention du gouvernement, il est bon de noter les souffrances » prolongées de l'industrie séricicole. » De telles expressions ne suffisent-elles pas pour que, chacun dans la sphère de son action, doive s'efforcer par tous les moyens de sauvegarder un élément de prospérité générale aussi important que celui que constitue en France la production de la soie?

I. TEILLEUX,
d.-m.-p.

Auch, 23 mai 1864.

I

ESSAI D'ÉDUCATION

DU

VER A SOIE DU BOMBYX MORI

(Extrait du *Bulletin Historique et Archéologique* de la province ecclésiastique d'Auch.)

La culture du mûrier et l'élevage du ver à soie sont loin d'être, pour le département du Gers, des importations de fraîche date, des innovations dont rien ne peut faire préjuger la réussite. Non-seulement l'éducation du *bombyx mori* a été introduite depuis longtemps déjà dans l'arrondissement de Lombez, s'y est étendue et y prospère; mais à Eauze, Lectoure et dans quelques autres localités assez rapprochées d'Auch, Gimont, Crastes, Montaut, Mirande, etc., la culture du mûrier semble vouloir renaître et donner des résultats satisfaisants. Enfin, si, jetant un coup d'œil rétrospectif sur la situation agricole et industrielle de la partie de la Gascogne constituant aujourd'hui notre pays, nous voulons rechercher ce qui a été fait antérieurement pour l'introduction et l'acclimatation de la culture séricigène dans le Gers, nous constaterons que vers 1753 (1), lorsque la pépinière du Seilhan, près la Patte-d'Oie, à Auch, fut créée par l'intendant d'Etigny (2), cet habile administrateur y avait fait planter, outre les nombreux spécimens d'espèces végétales, forestières, ornementales, etc., et les 36,000 pieds d'arbres fruitiers de nature diverse, qui y occupaient une surface de plusieurs hectares de sol, 10,000 pieds de mûriers blancs de variétés différentes (3).

La croissance rapide, la végétation luxuriante de ces arbres permit

(1) Nous devons les renseignements historiques qui vont suivre à l'obligeance de MM. Lafforgue, auteur de l'*Histoire de la ville d'Auch*, et Niel, archiviste du département du Gers.

(2) Le souvenir de M. d'Etigny doit toujours être rappelé quand il s'agit d'une amélioration tentée au profit du bien-être matériel, intellectuel ou moral de la généralité dont le roi lui avait confié l'administration.

(3) Voir page 300, *Histoire d'Auch*, tome Ier.

bientôt d'en répandre l'espèce dans la généralité (1), où l'on ne tarda point à les utiliser pour la production de la soie. Quelques-uns de ces vénérables mûriers existent encore au Seilhan. Robustes, pleins de vigueur malgré leurs années, couverts l'été d'une exhubérante frondaison, ils protestent là contre l'oubli presque absolu dans lequel on a persisté à tenir la sériciculture dans le département, et semblent lui reprocher la malencontreuse indifférence avec laquelle on y a laissé dépérir cette source précieuse de richesses, qui depuis longtemps déjà faisait la fortune du sud-est de la France.

Mais les efforts de M. d'Etigny pour propager cette nouvelle industrie ne devaient point se borner à faire exécuter des plantations de mûriers et à favoriser, sur les bords du Gers et de la Save, l'élevage du ver du bombyx mori. Le bienfaiteur de nos contrées, complet dans ses conceptions comme tout homme de génie, ne voulant pas laisser son œuvre inachevée, songea à faire installer en 1754 une magnanerie dans sa maison du Seilhan, au milieu des immenses richesses végétales qu'il y avait rassemblées de toutes parts, et bientôt après il y procéda même à la création d'une manufacture d'étoffes de soie (2).

Malheureusement, surchargé d'affaires, occupé sans relâche à donner une impulsion active à tout ce qui pouvait aider son gouvernement à sortir de l'état de torpeur où il végétait, à le sillonner de grandes voies de communication, à transformer son agriculture, à agrandir ses relations commerciales, à faire revivre des temps de splendeur pour les sources minérales dont la Providence a si largement pourvu notre versant pyrénéen (3), il ne pouvait s'astreindre à surveiller aussi souvent qu'il l'eût fallu, et aussi sérieusement qu'il eût été nécessaire, la mise à exécution des moyens dont il prescrivait l'emploi, afin d'arriver à assurer la vitalité de l'industrie séricicole dont il venait de doter le pays... Aussi, la routine, le manque de soin, peut-être même quelques raisons plus fâcheuses que celles que je viens d'énumérer, se mirent-elles de travers pour empêcher l'entreprise de prospérer. Quel est l'homme de bien à qui la jalousie et l'inimitié ne suscitent jamais de mécomptes ?...

Affaissé sous le poids du travail, l'intendant d'Etigny mourut jeune

(1) Parmi les plantations faites alors, nous citerons celles du château de Marignan, où l'intendant d'Etigny fit planter 1,200 mûriers. Le plus grand nombre de ces arbres vivait encore il y a peu d'années. (Communiqué par M. l'abbé Canéto, vicaire général.)

(2) Voir page 191, *Histoire d'Auch*, tome II.

(3) Bagnères de Luchon vient de décider qu'une statue serait élevée dans ses murs en l'honneur de M. d'Etigny, comme témoignage de reconnaissance pour l'administrateur dont elle révère la mémoire.

encore, laissant à ses héritiers un beau nom à porter et un patrimoine en assez mauvais état, tant il l'avait obéré au profit de l'intérêt public. Sa mort fut une perte immense pour nos contrées.....

M. Journet qui lui succéda, sans avoir l'esprit d'initiative et la chaude ardeur que mettait dans son administration son illustre devancier, eut, du moins, le rare mérite de poursuivre la réalisation de presque toutes les œuvres qu'il trouva commencées.

En 1768, il appela au chef-lieu de la généralité le sieur Quinsac, de Joyeuse, en Vivarais, la patrie d'Olivier de Serres, où l'élevage du ver à soie n'a point cessé, depuis le règne de Henri IV, d'être en honneur et de prospérer : il voulait lui confier la direction de la pépinière centrale.

A l'aspect des mûriers qui peuplaient le Seilhan, et des bâtiments naguère consacrés à la manufacture de soieries, Quinsac conçut immédiatement le projet de faire renaître à Auch, dans la pépinière qu'il dirigeait, l'industrie séricicole qui y avait été florissante, et de rouvrir aux ouvriers, s'il y était autorisé, la manufacture d'étoffes de soie que, malgré ses sacrifices personnels, l'intendant d'Etigny avait été obligé de laisser fermer. Ces vues étaient celles de l'intendant Journet : aussi la proposition de Quinsac fut-elle non-seulement favorablement accueillie, mais suivie d'une prompte réalisation. Des résultats satisfaisants furent la conséquence nécessaire des premières tentatives pour reprendre la suite de l'œuvre industrielle forcément interrompue par M. d'Etigny. Dès la première année, douze femmes furent constamment occupées, lors de l'élevage du ver à soie, à récolter des feuilles de mûrier. La production des cocons répondit largement à l'attente espérée. Mais pourquoi envoyer à des filateurs étrangers la nymphe du ver à soie revêtue de sa riche enveloppe, pour l'en faire dépouiller, et ne pas faire profiter le pays de la source de travail et du produit pécuniaire qui résultent de la nécessité où l'on est de dévider le cocon ? Afin de répondre à ce besoin, le directeur de la pépinière fut autorisé à procéder à l'installation d'une filature de soie comme annexe à la magnanerie auscitaine. Pendant plusieurs années, à la suite de la création de cette nouvelle branche d'industrie, Auch expédia chaque été pour Montauban, qui renfermait alors d'importantes fabriques de soieries, la valeur de plusieurs mille livres de soie filée.

La production séricigène pendant tout ce temps n'était pas restée concentrée dans l'intérieur de la pépinière centrale. Les plantations de mûriers faites autrefois avaient permis d'étendre rapidement la sériciculture dans la généralité, où l'on s'occupait d'ailleurs à en créer de nouvelles. Des arbres de cette époque, un certain nombre a résisté au temps et à la destruction. Forts et robustes comme ceux du Seilhan, on peut en remarquer quelques-uns sur les bords de la route d'Auch à Masseube, près d'Orbessan, puis non loin de la route de Toulouse, à quelques kilomètres d'Auch; enfin, dans une foule d'autres localités qu'il serait superflu, croyons-nous, de nommer.

La matière première envoyée des bords du Gers était grandement estimée sur la place où on l'écoulait. La réputation de notre soie arriva même jusqu'au ministre, qui s'en fit adresser un échantillon, afin de la comparer avec les produits similaires des autres contrées de la France.

Le sieur Quinsac, à la suite de cet examen, reçut un encouragement de 1,200 livres. La soie auscitaine avait été trouvée plus corsée, plus résistante que toute autre produite et filée dans le royaume.

Une phase importante allait surgir pour l'industrie séricigène : la facilité d'élevage du ver du bombyx mori sur les bords du Gers n'était plus chose discutable; la quotité de la production pouvait y être ce que l'on voulait qu'elle y devînt; quant à la quotité du produit, elle était supérieure; enfin, la filature de la pépinière prospérait. Pour doter définitivement le pays de tous les éléments de richesse qu'enfante l'industrie de la soie, il suffisait de reconstituer dans la généralité des fabriques de soieries. Vers 1780 furent rouvertes les portes de l'ancienne manufacture de tissus du Seilhan. M. Quinsac fils, d'Auch, possède encore des tentures historiées en bourre de soie fabriquées à cette époque avec les fils de bourre de soie de cocons élevés à la pépinière centrale par son père.

La Gascogne sortant peu à peu de son allanguissement, grâce à l'impulsion vigoureuse qu'elle avait reçue de son intendant d'Etigny, grâce aux heureuses innovations qu'il y avait introduites, s'enrichissait par l'agriculture et le commerce. Mais cette ère de prospérité devait éprouver un temps d'arrêt. De longs jours de deuil allaient se lever sur la province. En 1770, une inondation désastreuse affligea toute la vallée du Gers et Auch surtout, où elle aurait compté de trop nombreuses victimes sans le dévoûment de son premier échevin, le sieur Boutan, dont le nom doit être transmis à la mémoire de ses concitoyens. En 1774, une épizootie tellement meurtrière que le bétail fit défaut pour labourer les terres et que la misère la plus affreuse en fut la triste conséquence, désola la contrée. En 1775, des calamités de toute sorte continuèrent à sévir en Gascogne. Enfin, les nombreuses troupes cantonnées dans le pays, pour y calmer, croyait-on, l'effervescence populaire et empêcher les manifestations fâcheuses nées de l'état de dénuement où il était plongé et du manque de pain qui s'y faisait sentir, s'y étant conduites jusqu'en novembre 1776 comme des condottieri du XVIe siècle, y jetèrent l'épouvante et augmentèrent singulièrement la détresse générale. 1777 fut une époque de trève au milieu des désolations passées et de celles qui allaient encore survenir. 1778 se montra avec toutes les angoisses de la faim; les deniers publics et les ressources particulières allaient s'épuiser, lorsque le prix des grains vint heureusement à fléchir.

Absorbé par la nécessité de subvenir au soulagement de tant d'infortunes et d'y porter remède, forcé de veiller aux exigences du moment, l'intendant de la généralité négligea pendant tout ce temps d'encourager l'industrie séricicole. Il fallait attendre des jours meilleurs pour se décider à faire des sacrifices importants en faveur de toute innovation agricole ou industrielle. Cependant le directeur de la pépinière du Seilhan, avec les faibles ressources mises à sa disposition, n'en continuait pas moins, dans ces périodes calamiteuses, à procéder à des élevages du ver du bombyx mori, à filer et à tisser dans la manufacture auscitaine les produits qu'il obtenait ou qu'on lui apportait du dehors. Toutefois, ses efforts étaient inévitablement impuissants pour donner à cette féconde industrie l'activité et l'extension que, sans les époques fâcheuses dont nous venons de parler, elle aurait certainement acquises.

Des nécessités nouvelles, d'ailleurs, naissaient pour le pays. Les populations semblaient pressentir la mise à exécution d'idées de rénovation sociale. Une fermentation générale agitait la France. La Gascogne, comme les autres provinces du royaume, était tourmentée par des inquiétudes d'allégement aux maux qu'elle éprouvait. L'occasion d'exprimer ses plaintes allait lui être offerte. Les aspirations vers un état meilleur pouvaient arriver à prendre forme. En présence d'aussi graves intérêts, il se conçoit qu'on oubliât la nouvelle industrie et la culture de l'arbre qui nourrit la chenille du bombyx mori.

En 1787, l'Assemblée provinciale fut convoquée par Louis XVI, et le 27 août, dans la grand'salle de l'Hôtel-de-Ville d'Auch, se réunirent les députés des trois ordres. Après de laborieux et consciencieux travaux, après avoir épuisé la série des questions mises à l'ordre du jour, l'Assemblée se sépara le 10 décembre même année.

Pourquoi faut-il qu'au nombre des résolutions prises par les trois ordres se trouve décidée la suppression de la pépinière centrale du Seilhan, ordonnée, est-il dit dans les considérations qui motivent le décret, parce que son entretien est trop onéreux pour la généralité?...

Si encore, en enlevant à sa destination le terrain qui, naguère, avait fourni les diverses espèces d'arbres fruitiers et d'ornements dont s'était enrichi le pays, l'Assemblée s'était bornée à prescrire seulement la fermeture du Seilhan; mais la suppression de la pépinière centrale frappait du même coup et anéantissait la sériciculture.

Quand ce décret parut, après avoir passé par tant de phases diverses, traversé des époques si néfastes, l'industrie séricigène n'avait pu encore parvenir à se faire accepter comme chose indispensable au pays. Elle était devenue viable malgré tous les obstacles qu'elle avait rencontrés; sa vitalité toutefois n'était point complètement confirmée. L'habitude pour chacun dans le pays auscitain n'était point encore constituée, comme dans le Languedoc, la Provence, etc., etc., de donner dans son habitation chaque année l'hospitalité à un élevage de quelques onces de semence de vers à soie. Aussi, en cessant de protéger cette industrie, les délégués de la généralité ne crurent-ils point manquer aux obligations qu'ils avaient contractées envers la contrée, lorsqu'ils avaient promis de prendre toutes les mesures qu'ils estiméraient bonnes, justes et susceptibles d'accroître sa prospérité.

Ainsi, malgré les meilleures intentions, se trompent les âmes les plus droites; ainsi les assemblées délibérantes, alors même qu'elles sont composées d'hommes d'élite, peuvent être sujettes à l'erreur.

Prêtes à vivre de leur vie propre, sur le point de payer largement les sacrifices qu'elles avaient coûtés, ainsi vinrent à succomber pour la deuxième fois, sur les bords du Gers, depuis l'époque où l'intendant d'Etigny avait commencé à y planter des mûriers (1) et à y créer une manufacture de soieries, la sériciculture proprement dite et la fabrication des tissus de soie, éléments si précieux de richesse publique dont la Gascogne allait se trouver privée désormais.

Fort de ces souvenirs, possédant sur les terrains appartenant à l'asile d'aliénés du Gers d'importantes plantations de mûriers faites il y a quelques années par M. Féart, ayant pour nous guider l'exemple des éducateurs de vers à soie de l'Isle-Jourdain, Gimont, Crastes, Montaut, Mirande, etc., et même un élevage tenté l'année dernière à l'établissement par notre prédécesseur, mais dans des circonstances assez peu favorables; enfin, encouragé par les conseils éclairés de M. le vicomte de Gauville, préfet du Gers, et par ceux de MM. les membres de la commission de surveillance de l'asile, nous avons tenu à constater si l'industrie séricigène pouvait produire des résultats satisfaisants à Auch même, ainsi qu'elle en avait déjà donné à une époque où les maladies qui déciment nos magnaneries, la muscardine, la pébrine, etc., ne

(1) M. Mégret de Sérilly, frère aîné de M. d'Etigny, qui l'avait précédé dans l'Intendance d'Auch, avait tenté déjà, en 1740 et 1741, d'introduire la culture du mûrier dans la généralité. (Archives départementales; Correspondance des Intendants.)

s'étaient point encore abattues sur la France et ne lui ravissaient point, comme à présent, des richesses par millions, chaque année, en raison de la mortalité qu'elles occasionnent dans les élevages.

Le manque de soins hygiéniques, le défaut de bonne nourriture pour les éducations, l'encombrement excessif des vers dans les magnaneries, le mauvais choix des bombyx chargés de perpétuer la race, enfin l'ardeur irraisonnée des éducateurs pour le gain, ont fait de telle sorte que la production de la matière première, impérieusement demandée par les fabriques de Lyon, Nîmes, Tarare, etc., a singulièrement diminué en France, depuis vingt ans surtout environ. Et les essais tentés afin de replacer à son niveau premier cette importante industrie ne semblent pas, jusqu'à présent du moins, avoir donné des résultats assez absolus pour que l'on puisse en augurer un retour complet d'ère de prospérité pour la sériciculture. On aurait même dit, il y a peu d'années, que malgré les obstacles opposés par la science aux fléaux qui détruisent les vers du bombyx, la mortalité, loin de s'amoindrir chez les éleveurs, y allait grandissant. Il est si difficile, quoi que l'on fasse, de parvenir à annuler la virtualité d'une constitution épidémique, d'enrayer son mode d'être, sa marche incessante et souvent progressive, tant on éprouve de résistances, tant l'on rencontre en chemin d'inconnues qu'il faudrait savoir dégager, lorsqu'on veut réagir contre les envahissements d'infections tendant à passer à l'état endémique, et que l'on cherche à se préserver de leurs funestes atteintes et à en conjurer les résultats désastreux !

Dans ces circonstances, il nous semblait également opportun de chercher à nous rendre compte si, sur un sol neuf ou à peu près pour l'élevage du bombyx mori et dans des conditions de climat aussi sérieusement convenables et bonnes que celles que présentent le Vivarais, les Cévennes, la Provence, le Dauphiné, etc., pays essentiellement producteurs de la soie, il ne serait pas possible de constituer de fructueuses éducations de vers du bombyx. Bien entendu que ces éducations devraient être entourées des précautions nécessaires à l'effet d'en écarter toute chance de maladie et de mortalité, ou conduites de telle sorte du moins que le mode d'élevage ne fût pas lui-même la cause du développement d'épidémies meurtrières. Le sol, le climat du Gers paraissant réunir tous les éléments de succès désirables, l'industrie séricicole pouvant largement s'étendre et prospérer dans ce département essentiellement agricole, et destiné, si on le veut, à subvenir en partie aux besoins immenses que la France éprouve pour l'alimentation de ses fabriques de soieries, dont la matière première est pour plus de moitié achetée à grands frais en Italie, en Espagne, en Anatolie, en Chine par notre commerce, nous avons tenté, en 1860, une éducation de vers à soie à Auch même, à titre d'essai et de renseignement. Ce sont les phases successives de cet élevage dont jour par jour nous avons dressé la chronique: nous tenions à en faire l'objet d'un rapport circonstancié à M. le préfet, qui s'est intéressé d'une manière toute spéciale au succès de notre entreprise; et nous voulions d'ailleurs le soumettre à la judicieuse appréciation de la société d'agriculture du Gers, composée d'hommes aussi compétents en questions se rattachant à la science agricole que dévoués aux véritables intérêts du pays. Puissent les faits ci-énoncés, les résultats consignés dans ce travail, contribuer en quelque chose à appeler sérieusement l'attention du département sur les avantages qu'il peut retirer de la sériciculture, source féconde de richesses trop négligée jusqu'à présent, mais à laquelle, toutefois, il est temps encore de venir demander des bénéfices faciles et de rapides réalisations de gain.

Afin que l'on puisse arriver à se rendre un compte exact de l'élevage de vers à soie entrepris à l'Asile du Gers en 1860 et mené à bien, grâce aux soins des *Sœurs* de l'établissement qui, à l'aide de quelques femmes infirmes et aliénées de la maison, ont dirigé cette éducation, nous avons cru convenable de transcrire textuellement les notes rédigées chaque soir, sans interruption aucune, relativement aux périodes successives par lesquelles ont passé les vers du *bombyx mori*, depuis leur éclosion jusqu'à l'époque de leur montée. Chemin faisant, nous mentionnerons aussi tout ce qui a été inscrit sur notre carnet par rapport à l'état de la température intérieure des salles qui servaient de magnanerie et aux phénomènes météorologiques qui venaient successivement modifier les conditions de l'air extérieur, sa densité, son état hygrométrique, électrique, etc., etc. Nous n'oublierons point de relater les quelques remarques que nous avons faites quant au mode et à la nature de l'alimentation, quant aux délitements, aux mues, etc., etc. Enfin, nous dirons ce que nous avons cherché à observer concernant l'influence que les phénomènes atmosphériques exercent sur les élevages, suivant les diverses races dont ils se composent. Notre travail ne sera de la sorte, il est vrai, qu'une chronique, mais une chronique sans restriction et sans addition aucune, où les faits seront purement, simplement racontés, et où l'on saisira bien mieux, nous l'espérons, que dans un mémoire lentement élaboré et quelquefois même rédigé sous l'inspiration de préoccupations spéciales, la valeur des observations qui y seront présentées. Nous sommes convaincu, du reste, que l'on excusera ce que cette manière de procéder peut avoir d'aride et de fastidieux, en faveur du motif qui nous fait agir. L'exposition de la vérité entière et complète ne doit-elle pas, d'ailleurs, toujours dominer celui qui écrit?...

Nous commençons :

Mardi, 24 *avril* 1860.

Les tièdes chaleurs du printemps tardent à arriver. Les bourgeons des mûriers sont volumineux, mais les jeunes feuilles ne cherchent point encore à quitter l'abri sous lequel elles sont cachées et à se dérouler.

Vendredi, 27 *avril*.

Quelques pluies sont survenues. Les mûriers cependant restent encore stationnaires.

La graine des vers à soie est encore presque blanche, sa couleur ne brunit guère; rien n'oblige de songer à leur éclosion. Notre graine est pesante et non ridée.

Mardi, 1er *mai*.

Les bourgeons des mûriers continuent à grossir, quelques-uns même sont entr'ouverts.

Jeudi, 3 *mai*.

Essayé la graine des vers du bombyx par l'eau bouillante : obtenu une belle couleur lilas foncé de la semence soumise à l'expérimentation.

Lundi, 7 *mai*.

Les bourgeons des mûriers continuent à se développer et à s'entr'ouvrir. Quoique la saison ne se comporte pas bien, il devient indispensable de songer à l'éclosion des œufs.

Mardi, 8 *mai*.

Mis à éclore partie de notre graine *Sina* de Gimont (1) : grains ronds, non ridés, pesants; poids de la totalité mise à éclore : vingt grammes.

Jeudi, 10 *mai*.

Disposé pour l'éclosion la semence des vers à soie jaune de Valachie; 24 grammes de cette graine. Temps sombre.

Vendredi, 11 *mai*.

La feuille du mûrier blanc n'a commencé à pousser que depuis 3 ou 4 jours. Elle a à peine acquis le quart de sa dimension. La feuille du multicaule est rare encore et n'atteint qu'à peine 5 centimètres de longueur sur 3 centimètres de largeur. Quelques vers sina éclosent.

Samedi, 12 *mai*.

(1) Cette semence provenait de chez M. Labat, pharmacien à Gimont, qui, cette année encore, n'ayant que des cocons blancs sina dans son élevage les a tous vendus 9 fr. le kil. (pour semence) sur le marché de Toulouse.

Quelques vers de Valachie (1) sont éclos. Ils étaient depuis trois jours exposés à une température sèche de 18 à 20 degrés, sur le dessus d'une cheminée dans laquelle il y avait à peu près constamment du feu. Température extérieure, 14° dans le jour, s'abaissant à 7 le soir et le matin. Temps couvert, peu de soleil. Le mercure du baromètre oscille autour de variable.

Dimanche, 13 *mai*.

Partie de la semence de vers sina blancs, que nous avions reçue il y a peu de temps de Gimont (10 grammes), et que nous avions conservée dans un endroit sec et froid pour essayer combien de temps l'on pourrait retarder l'éclosion, est près d'éclore. Au microscope, on peut voir le ver déjà formé dans l'œuf. Essayée par l'eau bouillante, la graine devient d'un violet très foncé. Nous l'installons comme la première quotité mise déjà en état d'éclosion, mais à part bien entendu de la semence dont les vers ont commencé à naître le 11. Dès le soir même, de nombreuses éclosions de vers sina se manifestent. 16° extérieurement.

Lundi, 14 *mai*.

La nuit a été froide. Brouillard le matin. Le thermomètre est descendu à 15° dans l'appartement où sont les jeunes vers. Peu d'éclosions pendant la nuit. Tous les vers sont forts, bien portants, et mangent bien. Ceux de Valachie éclosent moins rapidement. Je fais mettre à part tous ceux qui sont nés. Toutes les 2 ou 3 heures, on continue à donner de petits rameaux de mûrier fraîchement cueillis. Ces rameaux proviennent presque exclusivement de pourrettes à petites feuilles et de mûriers des Philippines.

Les vers montent vigoureusement vers les branches et entament avec avidité le limbe des feuilles qu'ils atteignent; il n'est pas nécessaire de les leur couper; du reste, les feuilles sont excessivement tendres. Nous apposons les rameaux au-dessus d'un filet à mailles étroites à travers lesquelles passent les vers. Nous maintenons l'extrémité inférieure de la tige des rameaux dans l'eau.

Mardi, 15 *mai*.

Préparé pour l'éclosion 15 grammes environ de semence récoltée l'année dernière à l'asile. Même espèce que celle de Gimont, semence de vers sina blancs, quelques-uns bruns ayant le pourtour des yeux roses. Semence peu pesante relativement au volume, œufs déformés en grand nombre, provenant de vers dont la montée s'était faite tardivement.

(1) Cette semence avait été achetée à MM. Arnal et Lantal, filateurs près du Vigan. Aussi désignerons-nous sur nos notes cette espèce indifféremment par le nom de semence de Valachie ou du Vigan.

Education dont la mortalité à la 4e mue avait été très grande par défaut d'aération et d'espace pour contenir les vers, forcés de vivre les uns sur les autres, délités à la main et souvent restant trop longtemps sur leurs déjections. Eclosions des vers sina de Gimont et des vers du Vigan très nombreuses le matin. Température extérieure 18°; le baromètre baisse à 0,744. Quelques gros nuages au ciel. Tension électrique considérable.

Mercredi, 16 mai.

Quelques vers de la semence récoltée à l'asile éclosent au soir. Beaucoup de graine était blanche et creuse. Les jeunes feuilles des mûriers blancs, colombassette, pourrette, etc., dont les limbes sont très échancrés, sont plus recherchées par les vers que celles du mûrier des Philippines dont l'importation en France est due au naturaliste Perrotet. Les éclosions des vers des deux autres provenances ont été très abondantes pendant la nuit et le matin. Temps chaud, orageux. Baromètre, 0,745.

Jeudi, 17 mai.

Les éclosions marchent bien, les vers premiers nés grossissent beaucoup et mangent de même. La température est constamment maintenue entre 18 et 20°. Température extérieure chaude; l'air est raréfié; le baromètre est au-dessous de variable. Point de pluie, point d'orage. 26° à l'ombre.

Vendredi, 18 mai.

Chaleur orageuse. Le soir, un peu de pluie : la température tombe à 14°. Encore des éclosions, mais bien moins nombreuses que pendant les journées des 15, 16 et 17. Chaque série de vers éclos pendant 24 heures continue à être mise à part. Jusqu'à ce que la pluie soit survenue, la chaleur extérieure étant à 20°, on avait maintenu ouvertes les fenêtres de notre magnanerie improvisée.

Samedi, 19 mai.

Du feu était resté allumé pendant toute la nuit dans la salle d'élevage; le thermomètre avait marqué extérieurement pendant une partie de la nuit 15°, au matin il descend même à 14°. On ouvre un peu vers midi pour changer l'air intérieur. On profite pour cela d'un rayon de soleil. Les premiers nés ont commencé à dormir hier au soir. Quelques-uns se réveillent ce matin, tandis que leurs compagnons, se préparant à muer, commencent à s'engourdir. En naissant, ils avaient le corps noirâtre et la tête noire; ils étaient velus et atteignaient 2 millim. environ de longueur. Avant de s'endormir pour leur première mue, leur taille était déjà de 4 à 5 millim. Quand ils vont procéder à leur changement d'état, ils prennent une coloration jaune pâle et sont comme œdématiés.

Leur mue achevée, la peau de leur corps offre une coloration grisâtre; celle de leur tête est blanche, comme saupoudrée de farine. Leur sommeil, qui dure quelquefois trois ou quatre jours, mais le plus souvent deux au plus, et à l'issue duquel ils perdent leur enveloppe tégumentaire, les maigrit singulièrement. Leur engourdissement passé, ils restent quelque temps inactifs, plongés dans la torpeur. Mais bientôt ils se mettent à se donner du mouvement et mangent avec voracité les feuilles auxquelles ils s'attachent avidement. Leur taille s'accroît rapidement, et après leur seconde mue, ils mesurent 14 millim. de longueur. On remarque au-dessus de la tête de ceux qui vont muer un point noir qui me semble être triangulaire; c'est par là que commence la déhiscence de leur peau. Toujours nourris aux rameaux (1). Ils ont constamment de la nourriture à leur disposition. On fait la cueillette des branches deux fois par jour, après la disparition de la rosée, et le soir avant la fraîcheur de la nuit.

20, 21, 22 *mai.*

Rien de particulier à signaler. Les éclosions continuent à se faire. Température de 18 à 20° extérieurement. Les vers, pour la seconde mue, sont placés sur des claies en osier de 1 mètre de longueur sur 60 cent. de largeur avec rebord de 5 cent. Une feuille de papier en garnit le fond. Le délitement s'en fait toutes les 24 heures. Des filets servent à cet usage; quelquefois on se sert d'un rameau fraîchement cueilli que l'on présente aux vers pour leur faire quitter la place d'où l'on veut les enlever. Ce mode de faire, du reste, a le même avantage que l'emploi du filet. Les vers éclos le 16 commencent à s'engourdir.

Mercredi, 23 *mai.*

Deux vers à soie sina blancs (semence de l'asile) sont trouvés affectés de jaunisse et jetés.

Jeudi, 24 mai.

Chaleur, beau temps, 20°. Les vers sont très actifs et mangent beaucoup; la 1re mue continue pour les diverses éclosions. Les 1ers éclos commencent leur 2e mue.

(1) La nourriture aux rameaux est non-seulement économique comme récolte et comme facilité de délitement, mais elle permet aussi à l'alimentation des vers de s'exécuter d'une manière plus convenable; les feuilles qui restent attachées aux branches se dessèchent moins rapidement surtout. Enfin, cette méthode m'a semblé répondre à des exigences hygiéniques de la plus haute importance dans l'éducation du ver à soie: elle empêche toute espèce d'entassement des chenilles, leur asphyxie par conséquent, etc., et de plus, les laisse libres de vaguer, de se promener, ce qu'elles ne manquent pas de faire. En un mot, l'élevage au rameau est, selon nous, pour le ver du *bombyx mori*, un peu la substitution de la vie sauvage à l'existence trop domestiquée à laquelle habituellement et malencontreusement nous assujétissons ce précieux insecte sétifère.

Vendredi, 25 *mai*.

Chaleur orageuse, 28° à l'ombre; baromètre à 0,748 6, mercure concave. Quelques éclairs au soir. La 2e mue continue pour les premiers vers sina, endormis. La magnanerie reste tout le jour ouverte. Nous avons installé des rideaux aux fenêtres dès le commencement de l'élevage.

Samedi, 26 *mai*.

La 2e mue commence pour les vers à soie de Valachie. Grand vent, température froide; le thermomètre descend à 14°. Un peu de pluie. On fait du feu toute la nuit dans la cheminée de l'appartement où sont les vers.

Dimanche, 27 *mai*.

Les vers de Valachie dorment plus longtemps que ceux de la race sina. Ils sont mieux faits, plus ronds, plus ramassés, mais un peu plus petits. Tous sont pleins de vigueur et montent avec force jusqu'à l'extrémité des rameaux qu'on leur donne, tout aussitôt que les feuilles inférieures de ces rameaux sont épuisées. Température, 25° à l'ombre; baromètre, 0,759 2.

Lundi, 28 *mai*.

Bon temps. Les vers se portent bien. Les éclosions des 13 et 14 sina de Gimont ont terminé leur 2e mue.

Mardi, 29 *mai*, id.

Mercredi, 30 *mai*.

Un peu de vent, temps chaud et lourd. Les vers sont un peu assoupis et mangent un peu moins. Les vers sina éclos le 15 et ceux de Valachie nés le 14 ont fini de dormir pour la 2e fois. Leur mue est plus lente à s'opérer que celle des vers blancs. Toutefois, elle s'opère sans encombre. 13 millim. de longueur.

Jeudi, 31 *mai*.

Le matin, 28° à l'ombre, le soir 16° seulement. Les vers nés le 17 sont endormis pour la 2e fois. Temps très orageux. Chaleur âcre. Le baromètre descend à 0,747 et tend encore à descendre. Le vent a soufflé du sud presque toute la matinée. Vers le soir, des nuages ont obscurci le ciel. La température s'est rafraîchie, point de tonnerre cependant. A 9 heures, quelques gouttes de pluie. Tous les vers se portent bien et sont voraces.

Vendredi, 1er *juin*.

Température chaude, orageuse. Les vers du 13 commencent à s'endormir pour leur troisième mue; ils se portent bien. On commence à entendre le bruissement particulier aux vers à soie quand ils mangent.

On dirait qu'une grêle fine tombe sur les feuilles. Thermomètre à 25°; vent sud-est; baromètre à 0,752 3.

Samedi, 2 *juin*.

Température à 20°; l'astmosphère est moins chargée d'électricité que les jours précédents. Quelques vers sina se réveillent de leur troisième mue, leur museau est gros et fort. L'on transporte dans de plus vastes salles les premiers vers éclos pour éviter l'encombrement.

Dimanche, 3 *juin*.

Nous avions placé quelques vers à soie des derniers éclos sur des feuilles de mûrier en plein air, le 31 du mois dernier. Nous les y avions remarqués les jours précédents, mais leur nombre allait diminuant chaque fois que nous les voulions observer; ils ont été dévorés par des oiseaux. Des fientes révélatrices adhérentes aux rameaux dont les feuilles sont rongées par les vers à soie nous disent la cause de l'absence de nos ex-nourrissons. La 3e mue continue à se faire.

Lundi, 4 *juin*.

Temps beau et chaud; quelques gouttes de pluie vers le soir; baromètre presque à beau temps. Nous continuons à dédoubler les claies qui portent les vers de seconde et de 3e mue. Leur grossissement se fait à vue d'œil. Déjà il est donné en moyenne à nos vers environ 5 kilog. de feuilles chaque jour, dont ils laissent peu.

Mardi, 5 *juin*.

Temps chaud et bon. — 6 kilog. 400 gr. de feuilles ont été donnés dans la journée.

Les vers éclos les derniers à la date du 17 mai (vers de toute race), Valachie ou Vigan sina blanc, semence achetée à Gimont ou nés en 1859 à l'asile, ont passé leur 2e mue sans encombre. La semence de Valachie avait, à peu d'exceptions près, été excellente; la graine de sina de Gimont avait également donné des naissances très nombreuses. Un grand nombre d'œufs de la semence sina, de l'asile, s'étaient trouvés clairs ou n'avaient donné que des vers rachitiques.

Temps frais; 12° seulement, température extérieure; température intérieure maintenue à 20° au moyen de poêles en fonte, à la partie supérieure desquels on maintient un récipient à large ouverture plein d'eau. Pluie forte le soir. Les vers du 13 mai ont passé leur 3e mue; leur longueur est de plus de 2 centimètres et leur couleur devient blanc jaunâtre avec deux bandes au dos. La 3e mue a été longue à se faire. Chez quelques-uns, elle s'est prolongée pendant 4 et 5 jours. Quelques-uns ne pouvaient même pas se dépouiller. Ils continuent à rester la tête en l'air, le corps porté en avant, raides et comme morts quelquefois pendant 24 heures. Lorsque la mue proprement dite était déjà à moitié faite, il a fallu en réchauffer pour terminer leur déhiscence; ce sont surtout des vers situés dans une salle au nord-ouest, où l'on n'avait point installé de moyen de chauffage et dont la température n'était que de 15° à 16°, qui ont offert les symptômes que je signale. Rencontré un ver de sina de Gimont affecté de la *graisse* (1). Dans l'éducation faite l'année dernière à l'asile, il y avait eu beaucoup de vers graisseux. Comme je l'ai déjà dit, la semence de cet élevage provenait de Gimont, ainsi que la plus grande partie de la semence de nos vers sina de cette année.

Mercredi, 6 juin.

Les vers sont presque tous dédoublés et transportés dans leur nouveau local. Ceux de Valachie sont placés au fond d'une vaste salle au 1er étage, percée de nombreuses ouvertures exposées ouest un peu nord, est un peu sud. Les vers sina de Gimont ont été installés dans leurs claies sur des rayons situés à l'entrée de la même salle. Déjà nous comptons 10 claies des uns et 13 des autres. Les produits de l'élevage de l'asile en 1859 sont mis à part dans une immense salle, séparée de celle dont nous avons parlé par un vestibule de 4 mètres de largeur sur 2 mèt. de longueur. L'orientation de cette magnanerie temporaire et les dispositions qui y existent sont identiques à celles de la salle précitée. Même aménagement intérieur. Les fenêtres sont partout garnies de rideaux, et un poêle y est destiné à subvenir à l'insuffisance de chaleur de la température intérieure. Le soir 15°; on fait du feu dans les magnaneries. 20 kil. de feuilles sont dépensées. Les vers derniers éclos ont fait en grande partie leur 3e mue. Point d'accident dans l'élevage.

Jeudi, 7 juin.

Température chaude et bonne. Vers très voraces, très actifs. Fenêtres constamment ouvertes, rideaux baissés afin d'empêcher la lumière solaire d'agir directement sur nos élèves; baromètre à 0,748. En délitant, 3 vers ont été rencontrés morts. Leur cadavre devient noir presque immédiatement après qu'ils ont eu cessé de vivre. Leur délitement n'avait pu s'effectuer. Gangrène générale par compression.

Vendredi, 8 juin.

Rien à signaler, sauf qu'il était urgent d'espacer nos vers; une espèce d'inaction, un défaut de vitalité, de l'engourdissement s'emparant de ceux

(1) Ce ver était ainsi qu'il suit : museau petit, corps gonflé blanc, couleur de graisse, 2 centimètres de longueur, gros, renflé vers la tête, comme œdématié, volumineux et long comme s'il avait fait sa 3e mue. Il était de l'éclosion du 17 et il n'était encore qu'à son 2e âge.— Il se préparait à sa 3e métamorphose. — 3 vers sont morts en faisant leur 3e mue, 2 vers sina de Gimont et 1 du Vigan.

qui restent encore pressés sur les quelques claies que nous avions fait laisser sans les dédoubler, afin de pouvoir nous rendre compte de l'influence fâcheuse de l'entassement.

Samedi, 9 *juin*.

Le soir, orage, pluie, température abaissée à 16°. On fait du feu. Les vers sina éclos le 12 et le 13 se disposent à faire leur 4e mue; ils se rapetissent, restent en repos, se concentrent pour l'œuvre qui va s'accomplir. L'évolution terminée, ils restent encore engourdis pendant quelque temps, puis se remettent à manger avec voracité, et en quelques jours grandissent et croissent considérablement; leur volume devient triple et quadruple de ce qu'il était. 20 k. de feuilles consommées. La 3e mue a, en général, été longue à s'effectuer. Elle a nécessité presque le double de temps employé pour les mues précédentes. Un grand nombre de vers sont restés 4 jours sans manger; il y a eu, en outre, peu de régularité dans la durée du temps consacré à leur période de sommeil, suivant les dates de leur naissance. Il en est qui, appartenant à la même éclosion, ont achevé leur mue deux jours avant leurs collègues d'élevage.

Dimanche, 10 *juin*.

6 vers sina de Gimont faisaient leur 4e mue; ils ont été mis à part. Journée chaude, 25°, très pluvieuse par rafales. On a fait du feu toute la journée. Baromètre au-dessous de variable.

Lundi, 11 *juin*.

Temps beau. Chaleur franche. Vent du sud-est, cependant, ou vent d'autan qui, dans le Gers, est habituellement énervant.

Les mues sont longues à se faire chez les vers de Valachie qui nous viennent du Vigan. Elles offrent plus d'inégalité dans leur mode de se produire, moins de régularité dans leur marche que les transformations des vers du sina n'en présentent. La taille de ces derniers est beaucoup plus uniforme que ne l'est celle de la race des vers à soie jaunes de Valachie.

Mardi, 12 *juin*.

6 vers du Vigan de la 3e mue ont été rencontrés presque morts ce matin : ils étaient un peu ratatinés sur eux-mêmes et noirs dans certaines parties du corps. Les pattes de trois d'entr'eux et un ou deux segments du corps étaient noirs; les autres n'avaient que quelques-uns de leurs segments atteints de l'affection que je signale. Encore gangrène par compression. Temps beau, mais chaud, vent d'autan. Un diminutif du siroco d'Italie, du samiel d'Algérie.

Mercredi, 13 *juin*.

De mardi à mercredi, vent de sud-ouest, orage violent, tonnerre pendant plusieurs heures, nombreux éclairs. Le baromètre descend toujours; pluie depuis minuit et pendant toute la journée. — Thermomètre variant de 17 à 18°, humidité très grande; vers vigoureux néanmoins. La 4e mue se poursuit pour nos diverses races sans trop d'encombre. La 3e est passée pour presque tous. — Mauvaises nouvelles de l'Ardèche, de la Drôme, des Cévennes et du Gard; — les maladies y font des débâcles terribles. Allumé du feu partout nuit et jour. Température extérieure 16°, mercredi au soir. Baromètre à 0,752.

Jeudi, 14 juin.

La 3e et la 4e mue s'effectuent sans graves accidents. Continuation de feu partout. Température extérieure, 16°. Vent sud-sud-ouest. De gros nuages, en cumulus, se rassemblent dans le ciel. Temps pluvieux par rafales, sombre, quelques éclaircies de soleil. Les vers de Valachie ont eu 6 malades; ils étaient ratatinés, noirs; un présentait la jaunisse ou du moins avait une coloration presque générale jaune soufré; point d'œdème, point de ramollissement, point de déjections chez aucun des vers susdits. Un des vers sina, arrivé à sa 4e évolution, ne pouvait pas se dépouiller. On a aidé à sa déhiscence, mais la constriction des derniers anneaux avait déjà presque sphacelé les parties, et en le dépouillant, la peau s'est un peu écorchée. Peu d'instants après avoir été débarrassé de son ancienne enveloppe, il ne s'en met pas moins à manger.

Les diverses éducations ont toujours très bon appétit. 4 fagots de branches de mûrier garnies de leurs feuilles sont distribués chaque 24 heures dans notre élevage. Ces faix de ramées pèsent en moyenne 12 à 15 kilog.

Vendredi, 15 juin.

Jusqu'à 11 heures du matin, temps sombre et un peu froid, 16°. Jusqu'à 5 heures, soleil, chaleur, vent sud-sud-ouest. Orage et pluie diluvienne toute la soirée. La 4e mue est presque terminée. Point d'encombre, point de maladies : à peine 20 morts accidentelles ou autres depuis le commencement de l'éducation. J'ai omis de dire que le nombre de nos claies, qui était de 37, et celui de nos filets, dont nous avions la même quantité, ne suffisent plus pour disposer hygiéniquement et convenablement nos élèves. Délitements effectués deux fois par jour. Arrosements quand il fait chaud. Balayages fréquents. Les matières provenant des délitements sont portées immédiatement loin des bâtiments servant de magnaneries, et utilisées comme engrais pour nos couches de melons, etc., etc. Les vers du Vigan sont plus forts, plus blancs, maintenant, que ceux de la race sina. Les vers sina provenant de la récolte faite à l'asile sont très beaux et semblent être robustes. Tous ont bon appétit. Nous songeons à la montée des vers et nous nous y préparons. Quelques claies de vers sina de l'asile et de Valachie, laissées comme expérimentation dans le local, au rez-de-chaussée, où se sont faites nos éclosions,— local peut-être un peu humide, orienté sud-nord un peu ouest et n'ayant d'ouvertures que celles placées à sa façade et sur ses côtés; point de possibilité, par conséquent, d'être traversé de part en part, sud et nord, par un courant d'air, chauffé par une cheminée néanmoins,—semblent avoir moins de vigueur que celles placées au 1er étage, quoique les soins donnés dans les deux localités soient identiquement les mêmes.

Samedi, 16 juin.

Temps pluvieux sans être froid. Les vers vont bien. 18° le matin, 17° le soir. Baromètre 27 pouces 7[10es], 0,747. Feu dans les salles. Les vers sina de Gimont, qui avaient une certaine peine à faire leur 3e mue dans le local où ils étaient nés, font très aisément leur changement de peau. Leur habitation dans les salles du premier où ils sont transportés et où ils ont un air plus pur, plus renouvelé, moins de froid humide, en est ,sans aucun doute, la cause.

Dimanche, 17 juin.

Pluies fines non persistantes. Température à 17°, baromètre à 0,749 3. Nous maintenons du feu dans les salles. Délitement toujours fait avec soin,matin et soir. Vers de 5 cent. en moyenne, comme longueur. La méthode dont nous usons, de donner aux vers des rameaux auxquels adhèrent les feuilles dont ils se nourrissent, nous semble être bien préférable à la pratique dont on se sert habituellement, de ne leur distribuer que la feuille du mûrier. Les vers du bombyx mori sont, de la sorte, dans un milieu plus hygiénique, ce nous semble; ils se promènent davantage, ils sont moins pressés, ils ne reposent jamais ou presque jamais, du moins, sur leurs déjections; en un mot, l'état de salubrité des éducations nous paraît devoir s'accroître sensiblement par le fait de ce mode d'être et de procéder (1). Température extérieure constamment maintenue de 19 à 20°. Point de maladies épidémiques. Quelques vers meu-

(1) Nous ajouterons à ce que nous disons ici, et à ce que contient la note page 11, que les mûriers ne peuvent souffrir en aucune façon de la taille que l'on fait subir à ces arbres à l'époque de l'élevage des vers à soie, et qu'il est bien préférable même, physiologiquement parlant, d'enlever complétement aux mûriers une série de portions de branches, garnies de feuilles, que de les dépouiller seulement des feuilles qui y sont attachées. Le végétal, privé d'une partie de ses rameaux, est loin d'être surexcité comme végétation, ainsi qu'il l'est par la présence des bourgeons axilaires persistant après que l'on n'a procédé qu'à l'enlèvement complet des feuilles adhérentes à ces rameaux restant en place.

rent de la mue. L'état de l'atmosphère ne favorise pas notre élevage. Demain, nous aurons de la bruyère.

Lundi, 18 *juin*.

Le beau temps revient. Peu de soleil. Température à 18° extérieurement. Les vers vont bien. La 4e mue s'effectue chez les vers éclos les 15 et 17 mai. Le baromètre a monté à 0,755m.

Mardi, 19 *juin*.

Beau temps. Quelques nuages au ciel cependant. Le baromètre tend à remonter; la colonne du mercure offre une surface convexe. Thermomètre à 26° pendant une partie de la journée. Nos fenêtres sont ouvertes partout, les rideaux tirés de peur du soleil. Vent d'autan. Nos vers les plus retardataires s'engourdissent pour la 4e fois. Quelques-uns de ceux de la race sina de Gimont grossissent sans faire leur dernière maladie. Atmosphère très agitée. Nos chenilles sont un peu molles, plus fatiguées que d'habitude, elles courent moins que de coutume; l'extrême chaleur est sans doute la cause de ce changement. Nous avons des craintes. Nos élèves se développent néanmoins presque à vue d'œil; ceux même qui avaient été tout d'abord mis au rebut sont bien. Les derniers éclos, placés comme de raison dans des claies spéciales, grandissent rapidement. A chaque délitement, nous avons toujours eu la précaution, depuis le commencement de l'élevage, de séparer de l'ensemble de l'éducation les individus qui nous semblaient être peu vifs, plus petits, moins bien portants que la presque totalité des vers résultant des éclosions survenues pendant 48 heures; la plupart de ceux-là aussi grandissent vite et mangent bien. Nous ne donnons depuis quelque temps que des branches de mûrier blanc à larges feuilles épaisses, charnues, et surtout de la pourrette à petite feuille fortement échancrée. Les vers sont beaucoup plus friands de cette verdure que des feuilles récoltées sur le mûrier des Philippines ou sur les autres mûriers à larges feuilles minces et comme cloquées ou gaufrées.

Mercredi, 20 *juin*.

Pluie diluvienne presque toute la journée, surtout le matin et le soir. Thermomètre à 19°. Baromètre presque descendu à grande pluie. Quelques vers sina commencent à devenir clairs. Tous sont bien portants et mangent sans être rationnés. Aussitôt que les feuilles commencent à s'épuiser, on leur distribue des rameaux frais. Nous ne comptons plus : chaque jour, nous donnons 6 et 7 fois de la ramée. Les délitements se font au fur et à mesure des besoins. L'aération a lieu aussi largement que possible dans nos salles.

Jeudi, 21 *juin*.

Temps superbe, ciel d'azur; température 27° extérieurement, baromètre à beau fixe, vent nord-est vers 11 heures. 4 vers sina sont inquiets, ils cherchent, leur corps est devenu complètement clair. De la bruyère leur est présentée, ils y montent; l'un d'eux, une demi-heure après son ascension faite, avait déjà englué une branche d'érica à balais, de fils fortement tendus, afin d'y pouvoir en toute sûreté attacher sa demeure. La haute chaleur de la journée n'influence en aucune façon nos élevages; il est vrai, avec le vent du nord-est, la chaleur est nette et non énervante. Arrosages fréquents, aération constante, tous les rideaux sont tirés au-devant des fenêtres de nos chambres.

Vendredi, 22 *juin.*

Ciel presque sans nuage, quelques légers cirrhus, temps très beau, 25° extérieurement, vent du sud-est. Quelques vers ont achevé leurs cocons dans la soirée. La plus grande propreté continue à régner au-dessus de nos vers, délités au moins une fois chaque 24 heures, au moyen de filets le plus souvent et quelquefois même à la main. Nous les avons dédoublés deux fois depuis 8 jours. Aération presque constante, même la nuit; la température extérieure reste à 20°. Arrosages fréquents dans les salles pendant le jour. On continue à garer du soleil les étagères sur lesquelles s'étalent nos claies et nos filets devenus insuffisants. Un grand nombre de nos élèves ne reposent plus que sur des feuilles de papier recouvrant des planches en peuplier superposées, espacées à 40 centimètres de distance les unes des autres par des tasseaux. On installe des cabanes avec activité; elles sont de toute forme. La plupart sont faites en bruyère, d'autres en brins de colza, quelques-unes enfin se composent de jeunes rameaux secs de mûrier.

Samedi, 23 *juin.*

Beau temps. Ciel d'un bleu intense, température extérieure 25°. Quelques vers sina avaient commencé avant-hier et hier surtout à filer leur cocon. Les vers de Valachie, dans la journée d'hier, ont été également saisis du besoin d'effectuer leur montée. Quelques chrysalides de cette espèce sont déjà en voie de formation. Le ver nous a semblé travailler constamment sa demeure, un peu recourbé sur lui-même et la tête en bas.

Dimanche, 24 *juin.*

Temps chaud, 25° à l'ombre. Nous rafraîchissons les salles. Les vers montent. La grande chaleur semble cependant les fatiguer un peu.

Lundi, 25 *juin.*

Vent du sud-est. Temps un peu couvert par instants. Oscillation rapide du baromètre depuis 2 jours. Le plus souvent chaleur très intense, mordicante. Le soleil brûle : 25° à l'ombre. Les vers sina montent en grand nombre. L'un d'entr'eux est affecté de *graisse*, et meurt. Les vers de Valachie sont très longs à effectuer leur mue, qui dure 3 et 4 jours pour quelques-uns d'entr'eux. Plus petits tout d'abord au sortir de chacune de leurs maladies que nos vers de race à soie blanche, ceux de race Valachie deviennent énormes rapidement et rattrapent vite les sina comme développement, quand ils se mettent à manger, dès que leur engourdissement est complètement passé. Arrosements fréquents des salles.

Mardi, 26 *juin.*

Orage, grand vent. Les vers sina sont un peu mous surtout le soir, et languissants. La température de l'intérieur de nos salles était arrivée à 23°, malgré l'arrosement et la ventilation, et à 27° extérieurement. Continuation des soins de propreté absolue. Espacement des vers qui restent. Ils se ressentent un peu de l'excessive chaleur des chambrées.

Mercredi, 27 *juin.*

Rien de particulier : les vers se remettent. Température extérieure 21° à 8 heures du matin; baromètre à 28 2|12es, 0,769; vent nord et nord-est. Quelques heures seulement de chaleur intense dans la journée. Au soir, la montée est abondante.

Jeudi, 28 *juin.*

Le matin, vent sud-sud-ouest, tournant dans la soirée à l'ouest plein. Température fraiche, 16° extérieurement. Baromètre à variable. 12 vers sont attaqués de la *jaunisse* et 2 de la *graisse*. De nos élèves malades, 10 appartiennent à la race sina provenant de la semence obtenue à l'asile. De ceux-là, 8 sont atteints de jaunisse et 2 de graisse. 2 de la race sina de Gimont ont également la jaunisse, ainsi que deux de race de Valachie.

Les vers bruns aux joues tachées de rose, issus des anciens vers que possédait l'asile, sont charmants et se portent bien. Nous les mettons à part pour mieux suivre leur développement et leur montée. Nous faisons du feu dans toutes nos salles.

Vendredi, 29 *juin.*

Température à 16°, vent du sud-ouest. Ciel presque constamment voilé. Le baromètre se maintient au-dessous de variable.

Samedi, 30 *juin.*

Temps pendant presque toute la journée sombre et nuageux. Aux sujets faibles, qui montent difficilement, nous donnons des cornets de papier dans lesquels ils se placent pour filer et se préparent à leur métamorphose. Vent sud-ouest. Même température qu'hier. On a été obligé de maintenir encore du feu partout. Le thermomètre est même descendu à 14° pendant la nuit. Les vers étaient engourdis et un peu raides, ne mangeaient ni ne montaient; leur appétit et leur activité ont reparu sous l'influence de la chaleur.

Dimanche, 1er *juillet.*

Température extérieure 18°; ciel assez beau le matin, nuageux le soir. Un cas de jaunisse chez les vers du Vigan. La montée se fait abondamment; presque pas de vent. Temps mou.

Lundi, 2 *juillet.*

Vent sud. Température 25°. Le baromètre marque beau temps. Ciel d'une pureté complète. La montée continue. Presque tous les vers sina de Gimont ont filé ou filent leur demeure. Les bruyères commencent à se garnir de cocons; il ne reste plus que ceux de l'éclosion du 17 qui eux aussi commencent à devenir clairs. Les vers de Valachie et les vers sina de la semence de l'asile sont également très avancés et se préparent à monter.

Mardi, 3 *juillet.*

Température 26°. Ciel pur, beau temps. Le mélange des vers mis à part au fur et à mesure des délitements et les retardataires continuent à bien manger. Les cocons blancs dominent dans nos cabanes; ils sont très fins comme fil et durs quand on les presse. Les jaunes sont nombreux aussi et généralement bilobés; ceux des vers de Valachie sont plus gros que les cocons de la race sina, mais moins serrés et quelques-uns un peu plus mous. Soie fine également, peut-être cependant un peu moins que celle des cocons sina. Il se rencontre dans les élevages de vers sina quelques cocons de couleur jaune serin, jaune vert et même gris jaune.

Mercredi, 4 *juillet.*

Rien de particulier; temps beau; la colonne barométrique continue à être très élevée. Pas un nuage au ciel. Presque tous les vers sont montés; ceux de Valachie et de la semence de l'asile achèvent leurs cocons.

Jeudi, 5 *juillet.*

Température 27°. Ciel d'un beau bleu. La colonne barométrique reste toujours élevée. Un grand nombre de retardataires n'ont pas la force de faire leur montée : ils meurent; quelques-uns d'entr'eux sont transformés, lorsqu'ils succombent, en une sorte de matière demi-liquide d'une extrême puanteur.

Nous expédions pour Toulouse 35 kil. 700 gr. de cocons blancs; nous mettons à part 4 kil. de cocons blancs sina, provenance de Gimont, pour obtenir de la semence. Arrivés à Toulouse, les cocons avaient subi un déchet de 2 kil.

Vendredi, 6 juillet.

Envoyé 29 kil. 850 gr. de cocons jaunes. Température 19° le matin à 7 heures, 28° dans la journée.

Samedi, 7 juillet.

Ciel par instants nuageux, vent du sud-est. Temps un peu lourd. Température 23° à 7 heures du matin. Nous arrosons constamment. Sans être mous, les quelques vers restants sont faibles, languissants, mangent peu; ceux qui montent font de très petits cocons.

Dimanche, 8 juillet.

Quelques vers montent encore. Temps chaud, lourd, un peu d'orage; le soir, pluie. Température extérieure 30° à 3 heures du soir. Aucune influence de la part de l'état météorologique de l'atmosphère sur nos chambrées à peu près vides.

Lundi, 9 juillet.

Ce qui nous reste de vers se composant uniquement de retardataires, petits et sans force, nous nous décidons à les jeter.

Mercredi, 11 juillet.

Expédié à Toulouse 12 kil. 700 gr. de cocons dont le déchet, en route, a été de 1 kil. Nos produits ont été classés sur le marché de cette ville comme étant de première qualité, et vendus aux prix les plus élevés des jours où ils ont été exposés. Mis en vente seuls, nos cocons blancs auraient facilement été soldés 8 fr. 50 c. ou 9 fr., taux donné pour les cocons résultant de l'élevage de Gimont, auquel nous avions été demander partie de la semence pour l'asile. Les cocons jaunes de Valachie faisaient tort à nos blancs sina: on se refusait presque à acheter les premiers, et, afin de vendre l'ensemble de nos produits, force nous a été de nous désister de nos exigences. Vendant nos sina seuls, ils auraient tous été destinés à la production de la semence. De l'examen qui en avait été fait au marché, il résultait qu'aucun d'eux ne portait d'indice aussi minime qu'il fût de maladie, fait nécessaire, puisque, pendant toutes les périodes d'évolution qu'avaient subies nos vers, aucun cas maladif ne s'était présenté dans nos élevages.

Voici, d'après les registres de la ville de Toulouse, le résultat de nos ventes sur le marché aux cocons de cette ville :

DATE de la vente.	POIDS.	DÉSIGNATION des DIFFÉRENTES ESPÈCES DE VERS.	PRIX du kilogr.	TOTAL.
6 juillet.	31 k. 700	Sina de Gimont, cocons blancs........	7 »	221f 90c
id.	4 k. 850	Valachie, cocons jaunes.............	5 »	24 25
7 id.	25 k. »	Sina de Gimont, 18 k. cocons blancs... Sina de l'asile, 7 id........	7 50	187 50
12 id.	41 k. 700	Valachie, 38 k. 700 cocons jaunes .... Dégénérescence, sina 3 { blancs petits... jaunes nankin. id. verdâtres }	5 »	208 50
		Pour faire connaître les chiffres réels, poids et valeur de nos cocons, il est indispensable d'ajouter aux nombres déjà cités ceux qui suivent, servant à compléter les renseignements voulus à ce sujet :		
	10 k.	Cocons blancs sina de Gimont, destinés à la reproduction	8 »	80 »
	1 k.	Cocons jaunes, Valachie, destinés à la reproduction	6 »	6 »
	1 k.	Cocons bruns à joues rouges sina, de l'asile, destinés à la reproduction....	6 »	6 »
	115 k. 250			734 15
Nous devons ajouter aux chiffres représentant la valeur pécuniaire des produits de l'élevage de l'asile le montant de la prime accordée par la ville de Toulouse pour nos cocons vendus sur son marché.				23 45
			TOTAL GÉNÉRAL..........	757 60

La quotité de graines mise à éclosion ayant été, pour chaque espèce, de :

1° Sina blanc, provenance de Gimont.................. 30 gr.
2° — provenance de l'Asile.... 15
3° — provenance de Valachie.... 24

nous avons, comme rendement :

1° Cocons blancs, sina de Gimont................ 60 k. 700 gr.
2° — sina de l'Asile............... (1) 11 »
3° Cocons jaunes, sina de Valachie. 46 550

(2) 118 k. 250 gr.

(1) Sur les 15 grammes de semence obtenue en 1859 à l'asile et mise en éclosion cette année, la moitié à peine était bonne. Nous avons plus haut déduit les raisons qui avaient rendu cette graine nécessairement mauvaise.

(2) Y compris le déchet survenu pendant le transport d'Auch à Toulouse. — Soit réellement 115 k. 250.

Soit, en prenant pour unité le chiffre de 30 grammes pour chaque espèce de vers du *bombyx mory :*

1° Pour les vers sina de Gimont	60 k	700
2° — de l'Asile	22	»
3° — jaunes de Valachie	58	187

Soit comme valeur argent proportionnellement à la même quotité de 30 grammes de graine de chaque espèce :

1° Pour les vers sina de Gimont	444 f.	32 c.
2° — de l'Asile	146	96
3° — de Valachie	292	10

Bien entendu que les nombres portés ci-dessus, exprimant la valeur pécuniaire de chaque espèce de vers à soie par 30 grammes de graines, ont été calculés d'après une moyenne formée avec les chiffres de vente de nos cocons à Toulouse et des prix auxquels ont été estimés les cocons que nous avons conservés pour nos élevages de 1861.

Maintenant, afin de faire connaître complètement la situation économique de notre éducation de 1860, il est indispensable, après avoir exposé les résultats de notre actif relativement à cette question, de faire figurer les dépenses que cet élevage a nécessitées.

L'once de semence achetée à Gimont avait coûté	8f	»c
Les 24 grammes achetés au Vigan, de MM. Arnal et Lantal, filateurs, avaient été payés	12	50
Il avait été soldé pour appropriations intérieures de salles destinées à servir de magnaneries cinq journées d'ouvriers, à 2 fr. 50 l'une	12	50
Pour 37 claies en osier d'un mètre de longueur sur 65 centimètres de largeur, avec rebord de 10 centimètres, à 3 fr. 50 l'une	129	50
Pour fils de fer employés à circonscrire 52 filets	34	20
Pour filets en chanvre d'un mètre 05 centimètres de longueur sur 65 centimètres de largeur	26	»
Pour voyage à Toulouse	25	»
Pour ports de caisses et factage	5	45
Ajoutons à cette dépense celle qui résulte du prix de la main-d'œuvre. Une sœur et une malade infirme ont été occupées une partie du temps, pendant les quinze premiers jours, à donner des soins à notre éducation de vers à soie. Si nous comptons à 1 fr. par jour la rétribution de ce labeur, du 12 mai au 27 du même mois, nous avons	30	»
A reporter	280	15

Report............. 280 15

A partir de cette époque jusqu'au 10 juillet, c'est-à-dire pendant presque six semaines, les soins sont devenus plus instants, plus nombreux. Dans le dernier mois surtout, deux et trois sœurs consacraient une partie de leur temps à donner de la nourriture à nos vers à soie et à les déliter, sans compter que deux ou trois malades y étaient occupées constamment, qu'un homme, enfin, était spécialement chargé de pourvoir de rameaux notre magnanerie. Il est difficile de ne pas estimer cette série de travaux au moins à........................ 200 »

En outre, la quotité des feuilles dépensées doit avoir une valeur d'environ .... 50 »

Soit pour frais totaux.......... 530 15

Déduisant cette somme de celle de.................... 757 60

il reste.. 227 45

A cette somme il est rationnel, ce me semble, de joindre la valeur du matériel acheté, afin de procéder à la mise en pratique de cet essai de sériciculture. Le matériel dont il s'agit n'ayant réellement subi aucune détérioration par l'usage qui en a été fait, peut-être aurions-nous dû tout d'abord ne le faire figurer que *pour ordre* à l'article *dépenses*. Envisagé de cette façon, et cessant d'en distraire le solde des claies, filets, etc., le revenu net de notre éducation ne serait pas seulement, dans ce cas, de 227 f. 45 c., comme nous l'avons porté plus haut, mais bien de 186 f. 70 c. de plus que le chiffre ci-dessus indiqué : *soit pour produit d'un élevage de* 60 *grammes de semence* de vers à soie.......................... 414f 15c

Si le produit d'une once de graine est souvent plus élevé que celui que nous avons obtenu; si le rendement d'une quantité de 30 gr. de semence a presque constamment été naguère dans le midi de la France de 80 à 100 kilogr. de cocons, et même davantage; si, suivant certaines conditions données et dans diverses contrées, en Chine, en Perse, en Syrie, en Asie-Mineure, en Espagne, dans le Milanais, par exemple, les éleveurs voient encore, et surtout ont vu autrefois, leurs efforts plus largement rétribués que ne l'ont été les nôtres, et par conséquent des résultats pécuniaires plus importants les payer de leurs labeurs, il faut avouer toutefois que, dans la plus grande partie de l'Europe maintenant, les élevages sont loin de donner, comme moyenne, une somme de produits aussi considérable que celle que nous avons obtenue, et d'avoir pour l'avenir une perspective aussi encourageante que celle que semble nous promettre la persistance que nous mettrons à continuer la série des travaux séricicoles que nous avons commencés cette année.

Cependant, il faut le dire, les conditions météorologiques de 1860 ont été loin d'être convenables pour notre élevage, et surtout de le favoriser. Le froid, l'humidité, les orages même nous ont souvent donné la crainte de voir péricliter notre entreprise, et parfois ont rendu pénible notre apprentissage d'éducateur. Heureusement, plus instruit maintenant en fait d'élevage que par le passé et moins craintif, nous saurons marcher plus résolûment que naguère vers le but que nous voulons atteindre. Et il est à présumer que des résultats au moins aussi satisfaisants que ceux qui sont venus pour notre premier essai nous récompenser de nos efforts, continueront dans l'avenir à nous rémunérer de nos peines.

Les cocons obtenus à l'asile étaient généralement gros, durs et d'une soie très fine; ceux de la race sina n'étaient que très exceptionnellement bilobés; ceux obtenus de la race de Valachie, venue du Vigan, présentaient plus souvent la forme sus-indiquée : leur fil était moins serré, moins fin que celui des cocons de race blanche. La petite espèce de vers à joues rouges avait donné des cocons très serrés, à brin très fin, mais plus petits que ceux de la race sina proprement dite. Le poids moyen des cocons sina était de 265 par livre de 500 grammes, et de 280 pour ceux de la race de Valachie. La chrysalide des vers bruns oscillait comme nombre pour le même poids entre 270 et 275, suivant la grosseur. En triant nos gros cocons sina, nous sommes parvenu à en obtenir quelques kilog. se composant de 530 individus seulement. Ce sont ceux-là surtout, choisis avec soin dans les produits de nos premiers vers éclos et parmi nos cocons les premiers montés, que nous avons réservés pour la reproduction. Espérons qu'en 1861 l'élevage résultant de la mise à éclosion de la semence que nous avons récoltée avec toutes les précautions désirables, et dont nous avons conservé 7 onces pour la magnanerie de l'asile, nous permettra d'affirmer, plus amplement encore que cette année, que la sériciculture dans le Gers est pleine d'avenir, et doit y devenir pour le pays une abondante source de prospérité et de bien-être matériel.

La Providence a doté le département de toutes les conditions climatériques et de sol nécessaires au développement de cette précieuse industrie. L'autorité supérieure est disposée à y favoriser de toute son influence l'introduction de la sériciculture sur une large échelle : elle a déjà, dans sa bienveillante sollicitude, généreusement encouragé l'essai que nous y avons tenté à cet effet. La société d'agriculture du Gers, lors de sa dernière grande solennité agricole, en septembre 1860, a tenu à honneur de récompenser les quelques efforts faits par l'administration de l'asile pour constituer un élevage sérieux de vers des *bombyx mori* et *cynthia* au centre du chef-lieu du département (1); enfin, le conseil général, composé d'hommes aussi éminents qu'appréciateurs intelligents des véritables intérêts du pays, est prêt, nous n'en pouvons douter, à aider de sa haute protection toutes les tentatives qui ont pour but l'accroissement du bien-être général. Que les hommes pleins de bon vouloir, justement réprobateurs des préjugés qui persistent relativement à l'utilité et à la possibilité même de l'introduction de l'élevage du ver à soie dans le Gers, se mettent donc résolûment à l'œuvre! Grâce à eux, grâce aussi aux encouragements qui ne leur failliront pas, ils sauront, en s'enrichissant eux-mêmes, créer pour nos contrées un fécond et nouvel élément de richesse publique.

(1) La commission séricicole, siégeant à Toulouse, vient de décider qu'à l'époque du concours régional, une médaille d'argent serait décernée à l'administration de l'asile du Gers, comme témoignage de la supériorité des produits de son élevage de vers à soie en 1860.

II

ESSAI D'ÉDUCATION

DU

VER A SOIE DU VERNIS DU JAPON.

(Bombyx Cynthia.)

(Extrait de la *Revue Agricole du Gers*, tome 9e.)

Les questions relatives à l'acclimatation de races d'animaux utiles à l'homme n'ont été sérieusement mises à l'ordre du jour et étudiées sous toutes les faces et dans tous leurs détails que depuis peu d'années. Quoique connu presque de toute antiquité, trouvé par le hasard, inventé par la nécessité, ce mode de direction imprimé aux sciences naturelles, dont l'expérience avait autrefois sanctionné l'excellence des résultats, n'en semblait pas moins être voué depuis longtemps déjà à une sorte d'oubli et regardé comme impuissant, l'on aurait dit, à faire progresser de plus en plus le bien-être matériel de l'humanité.—Vainement M. Dureau de la Malle, si j'ai bon souvenir, fouillant l'histoire des temps anciens et de l'époque romaine surtout, nous avait raconté les fructueuses conquêtes de races animales étrangères à l'Italie, dues à l'initiative des riches patriciens de la Rome consulaire et impériale, oiseaux du Phase et des bords de l'Indus, poissons de la Grèce et de l'Asie-Mineure, etc.; vainement pouvions-nous lire chaque jour la relation de l'introduction en Europe des vers à soie de la Chine; vainement savions-nous que la découverte des grandes terres par Christophe Colomb avait doté l'ancien continent d'un quadrupède nouveau et d'une nouvelle espèce de gallinacée (1), personne ne paraissait être préoccupé de l'idée de rechercher les moyens

(1) L'Amérique ne nous a, jusqu'à présent, donné que deux espèces animales, le dindon et le cochon de l'Inde : le premier introduit en Europe au XVIe siècle, le second au XVIIe. Mais, en revanche, lors de la découverte de Colomb, les Espagnols ont enrichi le Nouveau-Monde de presque tous les animaux domestiques de l'ancien continent: le bœuf, le cheval, le mouton, la poule, etc., etc. L'Amérique ne possédait qu'un seul animal de transport, le lama, quand les Européens y abordèrent. Cependant, l'on a retrouvé dans les cavernes du Brésil des ossements de cheval, preuve que, dans les temps anté-diluviens, cet animal en parcourait les solitudes. A la même période, du reste, en Europe, vivaient ensemble des proboscidiens, des édentés, des solipèdes, des ruminants, etc., etc. La Faune des temps anté-historiques est singulièrement moins cantonnée comme grandes familles qu'à notre époque.

d'accroître le nombre de nos races animales domestiques, en empruntant des espèces exotiques aux régions éloignées. Le succès complet dont avaient été couronnés les efforts de Daubenton (1), par rapport à l'introduction et au perfectionnement en France des moutons mérinos, restait lettre close lui-même, pour notre génération, quoique les de Lasteyrie, les Bourgeois, les Huzards, etc., qui dans cette entreprise secondèrent ou suivirent les traces du modeste et illustre ami de Buffon, eussent sous Louis XVI, le Directoire et le 1er Empire témoigné surabondamment de la bonté de la méthode dont ont avait usé pour arriver à l'acclimatation du mouton estramadurien, et que, pour fin de compte, son importation eût, presque immédiatement, constitué une source féconde de richesses pour notre pays. Mais, tandis que la mémoire de ces faits importants pour le bien-être des hommes allait de plus en plus s'affaiblissant dans le souvenir du monde, M. I. Geoffroy-St-Hilaire, remontant les temps passés, s'appuyant sur les travaux de ses devanciers, fort de lui-même et de ses œuvres, méditait le projet de ressaisir le fil interrompu des essais tentés, afin d'augmenter le nombre des races animales utiles qui peuvent vivre et être domestiquées sur notre sol.

Le but proposé souriait au savant et était digne de lui... Aussi mit-il à la disposition de l'idée qu'il avait conçue et à la réalisation de laquelle il se dévouait toute son activité et son intelligence. Promoteur ardent de l'impulsion spéciale qu'il voulait redonner à la science zoologique, il ne s'est pas contenté, dans ses travaux à cet égard, de dresser la liste des espèces exotiques susceptibles d'être introduites sur l'ancien continent, de s'y acclimater et d'y prospérer; il a cherché à comprendre dans ses études l'ensemble des données au moyen desquelles il sera loisible, dans un avenir prochain, d'arriver à augmenter considérablement le chiffre des races animales exotiques susceptibles de vivre sur notre sol, de nous rendre par leur usage ou leurs produits d'importants services, de devenir, enfin, nos hôtes ou nos serviteurs. M. Guérin-Méneville, M. de Montigny, nos missionnaires en Chine, etc., je ne cite ici que quelques

(1) Déjà, sous Louis XIII, on avait essayé l'introduction du mérinos en France. La Suède n'avait pas tardé a nous suivre dans cette voie; en 1723, elle avait tenté la régénération de sa race ovine par le mélange de la race espagnole. La Saxe aussi, en 1765, avait introduit chez elle un troupeau de mérinos. J'ajouterai, enfin, qu'en 1762, lorsqu'il était intendant de nos armées en Espagne et en Portugal, M. d'Etigny, après avoir remarqué la beauté des brebis d'Estramadure, n'épargna ni soins ni dépenses pour en faire venir à Auch. Les moutons arrivèrent en 1763 à leur lieu de destination. Bien loin alors de les réserver pour lui seul ou d'en faire spéculation, le généreux intendant les distribua aux meilleurs agriculteurs de la contrée et de la France. M. le marquis d'Astorg en compta, à partir de cette époque, quelques-uns dans son troupeau. Il en fut de même de l'intendant de la généralité de Limoges, le célèbre économiste Turgot, à qui M. d'Etigny, son ami, s'empressa également d'envoyer quelques béliers et brebis mérinos.

noms, ont apporté également des éléments d'une haute valeur à cette intéressante et utile branche des sciences naturelles. L'Amérique, l'Asie, l'Afrique, l'Océanie ont été mises à contribution, dans l'espoir d'enrichir l'Europe d'espèces animales destinées soit à l'alimentation, soit aux transports, soit à la production de matières premières nécessaires à l'industrie. La haute Asie surtout a déjà fourni à nos contrées un précieux contingent de futures richesses sans doute, grâce à l'introduction sur notre sol des races zoologiques qui lui ont été empruntées et paraissent s'habituer au climat de l'Europe. Je ne dirai point que le bœuf du Thibet, l'yack, prospère dans le Cantal, le Jura, etc.; que la chèvre du Thibet et la chèvre d'Angora commencent à se propager en France, etc., etc. Mais si les tentatives d'acclimatation se sont portées spécialement sur les animaux de grande taille, ainsi : l'hémione, le lama, l'alpaca, le kanguroo, le tapir, etc., elles n'ont point oublié la série plus humble des espèces volatiles et même celle des poissons : les oies de l'Egypte, du Canada, les colins, les lophophores, etc., le sterlet, le silure du Danube. Enfin, elles n'ont point non plus dédaigné la classe si intéressante des insectes, dont l'organisation, les mœurs, les aptitudes sont si dignes d'être étudiées et dont les services qu'ils peuvent rendre à l'homme par eux-mêmes ou par leurs produits ont un si haut degré d'importance.

On doit compter au nombre des expériences les plus intéressantes faites dans ces derniers temps, relativement à l'acclimatation de races animales en Europe, celles que M. Guérin-Méneville a tentées sur des bombyx étrangers, producteurs de soie. Jusqu'à lui, les sériciculteurs n'avaient employé à la confection du cocon et comme insecte séricigène que le ver qui se nourrit de la feuille du mûrier, tous deux, ver et arbre, venus d'étapes en étapes en Italie, en onze cent et quelques, du pays du Cathay, si admirablement décrit au XIIIe siècle par Marco Polo.

Ce ver, abondamment répandu dans presque toutes les contrées baignées par la Méditerranée, et l'une des plus grandes sources de richesse de nos départements méridionaux, exige une éducation de 5 ou 6 semaines, et des soins assidus et intelligents pendant tout ce temps, qui commence avec les premiers jours du printemps, époque à laquelle les bras sont si utiles pour une foule d'autres travaux dans les campagnes. En outre, malheureusement, les variétés de race de toute sorte du ver à soie, issues des nombreuses éducations du *bombyx mori* faites depuis son départ du pays natal en Europe, soit incurie pour les élevages, soit manque de soins hygiéniques de la part des producteurs, par suite de leur désir immodéré de gain, soit génie épidémique pur, sont à peu près partout et toutes presque indifféremment envahies par des maladies qui souvent, à la fin de l'élevage, ravissent au sériciculteur l'espoir d'une récolte productive... Et le mûrier lui-même, l'arbre dont la feuille est douce et un peu gluante, qui a le goût de soie lorsqu'on la mâche, le mûrier, venu de Chine avec son utile parasite, a vu depuis quelques années une affection maladive s'emparer de lui, une sorte d'*oïdium* envahir ses feuilles et les dessécher. Tout à la fois, par conséquent, ont été frappés, et le ver qui file la soie, et son végétal nourricier.

La France est la grande manufacturière des tissus de soie, depuis qu'elle a enlevé à l'Italie, en 1466, cette précieuse industrie. Les récoltes de cocons en France suffisent à peine pour la moitié de ce que nos centres de fabrication consomment. Tarare, St-Etienne, St-Chamond, Nîmes pourraient à elles seules mettre en œuvre tout le fil de soie produit par nos élevages dans les Cévennes, le Var, la Drôme, etc. Lyon n'aurait rien à donner à ses 40,000 métiers, point de travail pour occuper ses nombreux et habiles ouvriers, si l'exportation étrangère ne subvenait à l'insuffisance de notre production, si l'Anatolie, le Liban, l'Inde, la Chine, l'Espagne, la Grèce ne nous fournissaient des quantités considérables de soies gréges et moulinées. Quatre cents millions ou davantage représentent, dans le commerce français, la valeur des tissus de soie fabriqués. Après les produits agricoles, le blé, les bestiaux, les vins, après les tissus de laine, l'industrie qui élève le ver à soie et met en œuvre le fil qu'il tisse, est la plus considérable qui vive sur le sol de notre pays. La maladie du mûrier, quoique grave dans ses résultats, pourra sans doute disparaître; et puis elle ne s'est point largement généralisée, comme les maladies qui affectent les vers du bombyx mori et ont, jusqu'à présent, résisté à tous les moyens dirigés contre elles. Elles sont épidémiques et héréditaires. Une éducation qui en est atteinte en transmet le germe aux éducations suivantes: elle en infecte comme d'un virus les générations futures. La production de la soie a diminué en France de plus de moitié, depuis dix ans surtout, en raison de cet envahissement épidémique; et malgré l'importation de graines étrangères, quoique l'on use de soins hygiéniques malheureusement employés trop tard sans doute, quoique l'on se serve, dans les chambrées d'éducations, d'agents peut-être un peu prétentieusement appelés désinfecteurs, la *gâtine* n'en continue pas moins ses ravages, et menace d'une ruine prochaine des contrées dont l'élevage du *magnat* était la richesse. Dans ces conjonctures, que faire? Nous avons déjà indiqué, dans notre travail sur l'éducation du ver à soie du bombyx mori dans le département du Gers, qu'il était indispensable de songer à propager les élevages dans les pays où les maladies n'avaient point encore paru, et qu'il était nécessaire de se servir uniquement de graine née sur le sol de ces pays privilégiés.

Mais, dans une situation aussi désastreuse, ce seul moyen ne suffirait pas... Heureusement la Chine, l'Inde et l'Indo-Chine voient naître plusieurs espèces de bombyx producteurs de soie, différentes de celles qui vivent sur le mûrier; l'Amérique elle-même possède d'autres insectes sétifères appartenant au genre bombyx. Les récits des missionnaires, des voyageurs, des naturalistes étaient venus nous apprendre que les Indiens, les Chinois se servent, pour la fabrication de quelques-uns de leurs tissus, de soie dont les vers se nourrissent des feuilles du ricin (*palma christi*); d'autres qui sont parasites du chêne; qu'il en est, enfin, qui vivent et se développent sur l'aylante ou vernis du Japon. Essayer en France de l'élevage de ces bombyx, venus de la Haute-Asie comme leur congénère le bombyx mori, était la pensée qui devait se présenter tout naturellement à l'esprit. Le gouvernement, le commerce, les hommes de science voulurent que des essais d'acclimatation des variétés rustiques des vers à soie de l'Inde et de la Chine s'effectuassent aussi promptement que possible sur notre sol. Un double but les engageait d'ailleurs à agir de la sorte. Ils cherchaient non-seulement à créer, pour l'industrie des soieries, un nouvel élément de matières premières destiné à subvenir au défaut toujours croissant de notre production indigène, mais ils voulaient aussi doter d'une source nouvelle de richesse publique le nord de la France, où les végétaux nourriciers des bombyx *arrindia*, *milita* et *cynthia* peuvent facilement prospérer. Ce n'est pas, toutefois, que les produits donnés par les bombyx susnommés soient complètement similaires à la soie fournie par le cocon du bombyx mori, qu'ils aient la finesse, le soyeux, la souplesse de la soie proprement dite; mais ces matières textiles n'en sont pas moins très belles, d'une utilité incontestable, et très propres à confectionner des tissus d'une force et d'une durée très considérables (1).

L'acclimatation du bombyx du ricin en France n'a pas été suivie des résultats que l'on en attendait; les tentatives faites pour l'éducation du bombyx du chêne ont été également à peu près décevantes : le rendement solde à peine les frais d'élevage. L'Algérie même, pour le bombyx

(1) Au Japon, la bourre du cynthia ne sert pas seulement à la confection de tissus forts et résistants, mais aussi elle y remplace la ouate. Interposée par les Japonais entre deux étoffes fines et légères de soie du bombyx mori, elle maintient la chaleur et la concentre dans leurs vêtements d'hiver, sans en augmenter sensiblement le poids. Aux Indes orientales, elle est employée à la fabrication des foulards surtout, et de tissus dont la durée est telle que quelquefois, transformés en vêtements, ils sont transmis d'une génération à une autre.

arrindia, qui fait sept fois par an son cocon dans les Indes, n'a point été suffisamment favorable à la question posée : les produits ne répondent pas à la somme de travail qu'exige la récolte. Le cynthia, le bombyx de l'aylante, est le seul qui peut-être ait chance de succès et soit appelé à survivre à ces divers essais d'acclimatation tentés depuis quelques années en France sur les variétés sétifères. Toutefois, nous le dirons avant de parler de l'éducation que nous avons faite de ce ver à soie, le fil de son cocon est rude, terne, épais, d'une couleur grisâtre ou roussâtre, et bien loin de correspondre en rien à la finesse, à la beauté et à l'éclat de celui des bombyx mori. Après cela, l'industrie indienne l'utilise fructueusement, l'industrie française a déjà su en tirer parti, et quoique certainement très inférieur, comme qualité et comme valeur, au cocon du ver du mûrier, son produit trouvera nécessairement un emploi avantageux dans une foule de tissus où sa spécialité le fera admettre. En outre, puisque, d'après les renseignements fournis par M. Guérin-Méneville, le ver du bombyx cynthia est surtout destiné à vivre en plein air, en liberté, sur le vernis du Japon, quel que soit le genre de soie ou plutôt de bourre de soie qu'il donne, son importation en Europe, sa sauvage domestication, j'ose dire, ne peuvent y être que favorablement accueillis. La culture du cotonnier, d'ailleurs, ne semble-t-elle pas, sinon sur le point de péricliter en Amérique, du moins tendre à y décroître par la sécession qui s'opère des Etats-Unis du Sud avec ceux du Nord? Par contre, l'importation du duvet géorgien ne diminuera-t-il pas en France, et son prix aussi n'y deviendra-t-il pas plus élevé qu'autrefois ? — Puisse l'*aylantine*, ainsi que le savant rapporteur des éducations faites à Lamothe-Beuvron et au bois de Boulogne appelle le fil produit par le bombyx cynthia, subvenir à la pénurie qui, dans un avenir prochain, peut se faire sentir sur nos importations de coton américain, et remplacer avec avantage la matière textile exotique susnommée, dont le chiffre de fabrication avait dépassé 80 millions de kilogr. l'année dernière et dont la consommation allait incessamment en progressant.

Ces considérations posées, j'arrive de plein pied au narré de l'éducation des bombyx cynthia dont la semence avait été généreusement mise à la disposition de l'administration de l'asile du Gers par la Société impériale zoologique d'acclimatation. Cette partie de notre travail, comme l'exposé que nous avons fait précédemment de l'élevage du bombyx mori, effectué à l'établissement en 1860, ne sera qu'une simple chronique, un récit d'observations, un assemblage de notes mises bout à bout, écrites le soir, à la hâte quelquefois, et transcrites dans ce rapport.

Jeudi, 7 juin.

Reçu les œufs du bombyx cynthia que la Société d'acclimatation a bien voulu nous envoyer, expédiés le 4 de Paris. Ils sont placés dans le tuyau d'une plume d'oie parfaitement luté avec de la cire du côté où le tube a été ouvert pour les déposer.

Vendredi, 8 *juin*.

Le nombre des œufs expédiés s'élève à deux cents. Ils sont rangés pour l'éclosion au fond d'une boîte de carton, percée de larges trous à sa partie supérieure, garnie de drap à sa partie inférieure. La boîte est placée dans un local maintenu à 20°; de la vapeur d'eau tiède environne de temps en temps les œufs mis ainsi en éclosion.

Samedi, 9 *juin*.

Nous avons oublié de noter qu'une instruction très succinctement rédigée par M. Guérin-Méneville, relative au mode de procéder par rapport à l'éclosion et à l'éducation du bombyx du vernis, accompagne l'envoi. Sur la lettre y jointe est inscrite la date des pontes des œufs : elle a eu lieu les 25 et 26 mai, au Jardin des Plantes, grâce aux soins habiles de l'intelligent gardien-chef de la section des reptiles à la ménagerie, M. Vallée.

Dimanche, 10 *juin*.

Rien de particulier. Journée chaude, très pluvieuse par rafales. Vent du sud-est. Nous plaçons des compresses très fines, légèrement imbibées d'eau, sur les œufs du bombyx de l'aylante. Ils se desséchaient et semblaient même se raccornir.

Lundi, 11 *juin*.

Nous imaginons, pour donner à nos œufs en éclosion une température constamment humide et maintenir autour d'eux une chaleur uniforme de 20°, un appareil ainsi construit : la boîte en bois qui en forme les parois a 40 centim. de longueur, 25 de largeur et 30 de hauteur. Elle est ouverte à l'une de ses extrémités, et le dessus en est mobile. Du côté dont l'extrémité est fermée, se trouve placée, à 10 centim. de distance de la paroi, une veilleuse au-dessus de laquelle un support en fil de fer soutient un petit vase plat et plein d'eau. En avant du récipient, d'où la chaleur fait incessamment dégager de la vapeur d'eau, repose sur une planchette percée en forme de treillis et dans une position plus élevée de 10 centimètres que le vase susdit, la boîte contenant les œufs destinés à l'éclosion. Elle est complètement ouverte par dessus, et son fond, par dessous le drap qui en couvre la partie inférieure, est criblé de larges coups d'épingle. Un thermomètre, fixé au-dedans de l'appareil, en régularise le degré de chaleur, et un hygromètre, placé également contre sa paroi interne, près de l'ouverture de sortie de la vapeur d'eau qui ne trouve de possibilité de départ qu'en un point, près de la boîte à éclosion, signale la quotité d'humidité dont l'appareil est constamment saturé.

Mardi, 12 *juin.*

Les vers commencent à éclore dans la matinée. Pondus les 25 et 26 mai, les vers du cynthia sont restés dix-sept et dix-huit jours inclus dans leur enveloppe sans la briser. On leur a donné de jeunes feuilles d'aylante coupées par morceaux et d'autres jeunes également, mais entières, celles-ci appartenant à des sommités de jeunes rameaux de l'aylante. A cinq heures et demie du soir, les vers n'ont point encore touché à la nourriture qui leur a été offerte.

Mercredi, 13 *juin.*

Les vers continuent à naître. Ils sont tous jaunes bruns, velus; la tête est noire, et le premier anneau porte une plaque noire également. Ils aiment beaucoup à courir. Ils mangent peu.

Jeudi, 14 *juin.*

Trente-huit vers de l'aylantus étaient éclos ce matin. Ils se tiennent généralement par groupes. Les instructions relatives à leur éducation nous ayant été envoyées sur une feuille de renseignements concernant les soins à donner aux vers du bombyx arrindia, feuille sur laquelle on s'était borné à ne pas laisser subsister, après « vers à soie » ces mots « *du Ricin* » et à leur substituer ceux-ci « *du vernis,* » nous leur donnons de la feuille de chardon à foulon, pensant que, peut-être, ils en seraient plus voraces que de celle de l'aylante, à laquelle ils touchent peu.

Vendredi, 15 *juin.*

Ils n'ont pas mangé de feuilles de chardon à foulon. L'éclosion semble être arrêtée. Les œufs étaient en grande majorité clairs, déprimés; quelques-uns même étaient percés.

Samedi, 16 *juin.*

Les vers grossissent et courent de tous côtés, jusqu'auprès de l'eau où plongent les feuilles du vernis et les quelques-unes de chardon à foulon que nous continuons à leur donner. 4 vers meurent dans la journée; les autres mangent.

Dimanche, 17 *juin.*

Rien dans la matinée. Nous recevons de la société d'acclimatation une quantité de semence de vers du bombyx cynthia égale à celle qu'elle nous avait déjà fait parvenir.

Lundi, 18 *juin.*

Les vers courent et vagabondent par groupes. Pour manger, ils attaquent fortement les limbes des feuilles avec leurs mandibules, comme le font les vers à soie du mûrier. Ils se tiennent le plus souvent tapis au-dessous des feuilles de l'aylante. Les rameaux sur lesquels nous les élevons sont changés tous les jours et maintenus dans une atmosphère légèrement humide, variant de 18 à 20°. Ils plongent dans des vases à goulot étroit recouvert d'un parchemin troué, au travers duquel passent les tiges des rameaux d'aylante. Le tout est appuyé sur une large boite à rebord étroit, au fond de laquelle est placé un papier sur lequel reposent quelques feuilles du vernis du Japon.

Mardi, 19 *juin*.

Les œufs du dernier envoi ont été mis en éclosion tout aussitôt leur arrivée. Ils ne présentent encore rien de particulier.

Mercredi, 20 *juin*.

Rien de nouveau par rapport aux jeunes vers du bombyx cynthia, sauf que leur coloration semble vouloir changer. Ils grandissent bien lentement.

Jeudi, 21 *juin*.

Une araignée a piqué deux vers du cynthia : tous deux sont morts presque immédiatement. Un d'entr'eux s'est noyé : on avait négligé de boucher hermétiquement le col du vase où plongent les rameaux sur lesquels nos vers sont portés. Du reste, de temps en temps, quelques-uns se laissent choir sur le papier qui recouvre le fond de la boite où l'appareil est posé; pour cette raison, du reste, nous y plaçons toujours quelques feuilles du vernis, afin que les jeunes vers tombés ne se trouvent pas privés de nourriture après leur chute. Ce sont les plus faibles généralement, ce nous semble, qui se laissent choir de la sorte. Nous avons beau les replacer de temps en temps sur les rameaux nourriciers, placés verticalement, dont l'expansion foliacée est broutée par l'ensemble de la famille. Après quelque temps, quelques-uns d'entr'eux, soit en raison de leur manque de force, soit parce que leurs organes de préhension sont insuffisants à pouvoir les faire s'accrocher fortement aux rameaux, retombent incessamment. Dans une éducation en plein air, cette particularité, remarquée chez le quart environ de nos vers, aurait presque nécessairement pour résultat de diminuer d'une quantité semblable le produit de l'élevage. A cet âge encore, le ver ne pourrait guère, l'expérience nous le prouve, malgré toutes ses tentatives pour gagner son gite primitif, parvenir à remonter sur l'arbre dont la feuille sert à son alimentation.

Vendredi, 22 *juin*.

Temps très beau; 25°. Vent sud-est; baromètre, 0,754. Les vers se portent bien. Ils sont maintenus un peu à l'ombre. Il leur arrive de l'air extérieur. Soleil chaud. Ciel pur.

Samedi, 23 *juin*.

Six vers du dernier envoi sont éclos. Les premiers grossissent et vagabondent toujours. Ils se préparent sans doute à faire leur première mue; mais il est difficile de préciser les symptômes qui l'annoncent. Le nombre seul de jours passés depuis leur éclosion nous en avertit. Quelques-uns d'entr'eux ont déjà 11 jours. Dans notre éducation de bombyx mori, dont les mues ont presque toutes été retardées et dont quelques-unes aussi se sont faites lentement en raison de ce que la saison était loin de leur être favorable, jamais un espace de temps aussi considérable ne s'est écoulé avant qu'un changement de peau survînt chez nos élèves.

Dimanche, 24 *juin*.

Quelques vers éclosent encore. Température énervante. Ciel couvert par instants; quelquefois soleil ardent. 24° à l'ombre, à 11 heures. Vent du sud-est. Baromètre à 0,752. Nous maintenons une température uniforme autour de notre élevage (20 à 22°). L'appareil où les vers sont élevés est placé derrière un rideau de tissu très léger, au travers duquel l'air extérieur est tamisé.

Lundi, 27 *juin*.

Atmosphère chaude, énervante; tendance à l'orage. Tension électrique considérable. Thermomètre, 27°; baromètre, 0,750 4. Aucune influence fâcheuse sur les vers. Ils mangent comme d'habitude.

Mardi, 26 *juin*.

Un peu d'orage. Température à 27°. Vent du sud-ouest, soufflant parfois en rafales. Le baromètre à 0,748, entre pluie et grande pluie, a baissé tout à coup dans la matinée. Les vers du premier envoi ont fait leur première mue : 23 seulement, vigoureux et bien portants, restent des 38 premiers éclos. Aujourd'hui, une araignée a encore piqué un de nos vers du bombyx cynthia : il est mort presque sur le coup.

Mercredi, 27 *juin*.

Les vers de l'aylante continuent à se bien porter. Ils sont toujours cachés sous les feuilles dont ils se nourrissent. Le corps des premiers nés est jaune un peu brun; la tête, les tubercules rangés le long et sur le corps, et les points des segments sont noirs.

Jeudi, 28 *juin*.

Température à 18°. Vent sud-ouest; la colonne barométrique baisse à 0,747. Ciel presque constamment couvert.

Samedi, 30 *juin*.

Les vers se portent bien. Ils grossissent. Ils tombent moins des rameaux nourriciers où ils sont placés.

Dimanche, 1er juillet.

Ciel assez beau le matin, nuageux le soir; chaleur moyenne, 18°. Rien de nouveau dans notre élevage. Baromètre à 0,754. Les vers se portent bien.

Lundi, 2 juillet.

Les vers de la première éclosion ont achevé leur deuxième mue. Ceux dont les œufs ont été envoyés les derniers arrivent à leur deuxième âge. Vent sud, température à 25°. Ciel d'une pureté complète. Baromètre fortement remonté à 0,766.

Mardi, 3 juillet.

Rien de particulier. Temps beau; pas un nuage au ciel. Baromètre à 0,764. Vent nord-est.

Mercredi, 4 juillet.

Continuation de beau temps. Les vers mangent avec appétit et se tiennent constamment tapis sous les larges folioles de l'aylantus. 20°. Vent nord-est. Baromètre à 0,767.

Jeudi, 5 juillet.

En faisant leur troisième mue, 3 vers meurent; ce sont les plus petits de l'élevage. Il ne nous reste plus de notre première éclosion que 17 vers, tous biens portants, il est vrai. Les vers de l'aylante ressemblent, à cet âge, à des morceaux de porcelaine surmontés de petites rangées d'aigrettes bleues, vertes et tachées de petits points noirs. Ils ont environ 15 millimètres de longueur.

Vendredi, 6 juillet.

A peine s'aperçoit-on des métamorphoses des vers de l'aylante : les derniers éclos ont en partie fait leur première mue; des premiers nés, il en est qui sont arrivés à leur troisième âge. Température, 17°, à 7 heures du matin, 25° à 2 heures de l'après-midi. Vent nord-nord-est. Temps superbe. Baromètre à 0,767.

Samedi, 7 juillet.

Quelques vers du premier élevage procèdent à leur quatrième transformation. Ils étaient comme de la porcelaine d'une couleur blanche mate avec 6 rangs de tubercules longitudinaux couverts de longues soies au sommet. Après le quatrième âge, leurs pieds deviennent verdâtres et leur corps accepte une coloration jaune blanche mate. 2 vers de la première éclosion viennent encore de mourir. La température est très élevée; vent du sud-est; chaleur énervante. Le sud-est est, pour le Gers, le siroco d'Afrique, le vent du désert pour l'Algérie. 23° à 7 heures du matin. Nous maintenons de l'humidité et de la fraîcheur dans le local où se fait l'élevage. Baromètre à 0,748.

Samedi, 14 juillet.

Les plus jeunes vers de la deuxième éclosion ont terminé leur deuxième mue.

Dimanche, 15 juillet.

Un ver de la première éclosion du bombyx cynthia se dispose à faire son cocon.

Lundi, 16 juillet.

Température à 21°. Un peu de pluie; temps sombre. La quatrième mue est complètement passée. Les vers ont acquis 8 centimètres de longueur et 4 centimètres de pourtour; ils sont vert bleu. Le corps est bleu d'émeraude foncé et les tubercules sont bleu d'outremer. L'un d'eux, devenu un peu plus pâle dans sa coloration, et qui commençait à manger un peu moins depuis hier, se dispose à filer sa soie.

Mardi, 17 juillet.

Le cocon a été attaché au-dessous d'une foliole d'aylante dont les bords sont rapprochés. La chenille s'était d'abord vidée de tous les résidus d'alimentation qu'elle avait dans le corps. Elle replie ses fils pour fermer l'ouverture de son cocon. Elle semble, pendant le temps que dure son travail, constamment rester la tête en bas et retournée; ses antennes, ses palpes et ses mandibules sont constamment en action. Je ne lui ai jamais vu couper son fil ; elle l'englue, le replie et le polit en place, surtout vers l'extrémité qu'elle laisse ouverte, et par laquelle la chrysalide métamorphosée, l'insecte devenu parfait, le bombyx cynthia aux belles couleurs devra s'échapper. Nous avions adapté aux rameaux du vernis des branches de bruyère, comme si nous avions eu affaire à des cocons du bombyx mori : ils ont refusé d'y monter. Le cocon achevé est dur, d'une couleur rouge brune chocolat.

Mercredi, 18 juillet.

Temps sombre. Température, 22°. Les vers continuent à filer leurs cocons.

Jeudi, 19 juillet.

Des derniers vers éclos, les uns arrivent à leur troisième âge, quelques-uns même l'ont passé. Ils sont très voraces et se promènent beaucoup. Nous leurs offrons des feuilles de ricin et de chardon à foulon. Ils refusent d'en manger, se gardent de se poser dessus et s'en éloigent même. Longueur des cocons, 6 centimètres; grosseur, 1 centimètre 4 millimètres; poids, 2 grammes 60, quand il vient d'être achevé.

21°. Temps sombre toute la journée, pluie le soir. Grand vent du sud-sud-ouest. Baromètre 0,758. Nos chenilles du bombyx cynthia se portent bien et mangent beaucoup. Après chaque mue, qui s'effectue rapidement comme nous l'avons déjà dit, ces vers semblent généralement être plus souffrants que ceux du bombyx mori.

Lundi, 6 *août*.

Orage pendant toute la nuit, pluie. Thermomètre à 17° le matin, à 26° à midi; baromètre bien au-dessous de variable à 0,743; surface de mercure concave. Vent sud-sud-ouest. Les vers de la dernière éclosion sont tous à leur cinquième âge ou font leur cocon; quelques-uns l'ont déjà achevé. Les cocons sont gris surtout. Les premiers obtenus, d'une couleur brune roussâtre, presque chocolat, ont pâli beaucoup.

Mardi, 7 *août*.

Tempête, orage. Quelques rares éclaircies de soleil; chaudes ondées; chaleur étouffante entre deux pluies; vent d'ouest. Thermomètre à 29°; colonne barométrique à grande pluie. 60 cocons existent. 3 vers ne sont pas encore montés. Ils n'ont pas encore atteint leur troisième âge; ils mangent et ont l'air de se bien porter.

Mercredi, 8 *août*.

Nos trois vers retardataires arriveront-ils à faire leurs cocons? Je ne le suppose pas.

Jeudi, 16 *août*.

Deux de nos trois vers restants sont morts; nous jetons le troisième.

Jeudi, 23 *août*.

Quelques-uns des cocons du bombyx cynthia laissés pour la semence commencent à remuer; les bombyx vont bientôt quitter leur enveloppe. Tension électrique très grande dans l'atmosphère; baromètre à peine au-dessus de grande pluie; thermomètre à 29° à onze heures du matin. Vent sud-ouest. Temps mou, pesant; quelques gros cumulus se ramassent dans le ciel vers le nord-ouest, point de l'horizon d'où nous viennent quelquefois les orages.

Samedi, 25 *août*.

Eclosion d'un bombyx cynthia.

Dimanche, 26 *août*.

Quatre naissances du bombyx ont eu lieu pendant la nuit et ce matin. Le corps du cynthia a en moyenne, antennes comprises, 3 centim. 6 millim. de longueur. Les antennes seules présentent un développement d'un centim. 3 millim. Le corselet mesure 6 à 7 millim. environ; l'abdomen constitue le reste du nombre posé. L'abdomen de la femelle, comme dans toutes les espèces entomologiques, est plus développé, sinon plus allongé, que celui des papillons mâles. Les antennes sont pennatifides. La tête est forte et dépasse à peine l'articulation des ailes supérieures. Les yeux sont gros, bruns, placés de chaque côté de la tête et même un peu en devant, par le fait de leur convexité. Entre ces organes, à partir de la trompe jusqu'au front, existe une bande veloutée jaune fauve clair, d'un millim. environ de largeur, se rejoignant au-dessus des yeux et au pourtour de l'organe visuel jusqu'à la trompe, repliée au fond d'une masse duveteuse jaune brun, avec une légère surface également veloutée d'une coloration un peu plus foncée que la bande précitée. Une colerette blanche veloutée, d'un 1[2 millim. au plus de largeur, circuite autour de la partie postérieure de la tête, ne se prolonge point au-devant de la trompe, mais argente la poitrine du cynthia, surtout sur les côtés, y compris les anneaux de l'abdomen, sur lesquels elle marche jusqu'à l'anus, qui se détache en jaune brun au centre d'une surface blanche. La partie dorsale du corps du cynthia est, en commençant par le bas, couverte de petites houppes blanches espacées par lignes rappelant les anneaux primordiaux de l'insecte imparfait; le fond est brun. Le premier anneau, au-dessous du corselet, forme une ligne d'un beau blanc velouté, plumuleux, se ralliant à une ligne transversale surmontée de deux horizontales dont il sera question plus tard. Les pieds sont bruns, garnis de poils bruns fauves. Ceux qui sont le plus rapprochés de l'abdomen sont couverts à leur partie postérieure de poils blancs veloutés, surtout dans leur premier article. Le corselet est fauve brun velouté, garni de longues et légères plumules brun marron clair, formant presque houppes au voisinage de l'articulation des grandes ailes. Le dessous des ailes, de même nuance à peu près que la partie supérieure de ces organes, offre une tache ocellée noire blanche de 2 mill. environ de diamètre. A leur extrémité supérieure et externe, et de chaque côté encore, se voient deux autres demi-ocelles noires, jaunes et brunes, en forme de croissant en bas, de crochet ou d'éperon en haut, à l'intersection des lignes courbes qui, par leur réunion, servent à diviser de haut en bas et obliquement de dehors en dedans, en deux parties inégales, les grandes et les petites ailes.

On remarque aussi au limbe supérieur des ailes inférieures, du côté de leur face abdominale, une ligne blanche de 2 à 3 millim. de largeur qui les surmonte jusqu'à arriver au point de rencontre du passage de la grande ligne transversale dont il a déjà été parlé. Le cynthia présente en moyenne 14 centim. de largeur, ses ailes étant complètement étendues: leur hauteur est d'environ 6 centim. Elles sont un peu en faucille à leur extrémité, forme qu'on rencontre souvent chez les lépidoptères intertropicaux de l'Inde, de la Chine, etc.; sur leur face dorsale, une tache ocellée noire, arrondie au centre et en bas, blanche en croissant en haut, correspondant à celle qui existe au même endroit, à la partie abdominale des ailes du bombyx, se voit vers la partie en faucille qui vient d'être signalée. Le fond des ailes est velouté, d'une couleur jaune brun, mêlée de brun plus fauve. Une ligne de couleur blanche, de 2 millim. de largeur, composée de 3 courbes très allongées à concavité externe, refendues par une ligne brune suivant l'obliquité de la ligne principale, traverse les ailes dans toute leur étendue, en diagonale, commençant à 3 centim. du bord externe supérieur pour se rapprocher de ce même limbe en bas, presque à le toucher. Une autre ligne, large de 2 millim, et de 4 centim. d'étendue, blanche au centre, noire sur les bords, vient s'arc-bouter sur une petite ligne courbe de 2 centim. de largeur, de couleur fauve presque jaune au centre, blanche sur les bords, qui se détache de la grande ligne oblique dont nous avons déjà parlé. Cette courbe de 2 centim., de couleurs variées, se remarque également à la partie abdominale du cynthia et y constitue l'une des ocelles qui y ont été signalées. Cette ligne traverse le corps du papillon à la hauteur du premier anneau qui suit le corselet du bombyx. Cet anneau, d'un blanc velouté comme le centre de la ligne dont il est question, est à un centimètre à peu près du rebord supérieur des grandes ailes, et ne se prolonge que sur une étendue très minime des ailes inférieures, presque à leur point d'intersertion avec le corps du bombyx cynthia. Enfin, à 1 centim. environ au-dessous de la ligne précitée, on en remarque une autre à la hauteur de la terminaison de l'abdomen du papillon : cette ligne est blanche, a 1 millim. de largeur et est en forme de ~~

Le vol du bombyx cynthia est large et facile ; ce papillon s'élève avec grâce à de grandes hauteurs : armé de puissants instruments de suspension, d'ailes à grandes surfaces et d'énormes muscles d'attache, on comprend aisément qu'il doit sans peine parcourir de longues distances et n'avoir pas besoin le soir, lorsqu'il quitte le gite où il repose le jour, de s'arrêter souvent pour pouvoir de nouveau continuer sa route. Ce bombyx, sans être richement peint sur ses ailes, qui rappellent un peu comme gamme de couleurs celles du bombyx grand paon, est toutefois d'une élégance bien supérieure à celle du lépidoptère indigène que nous venons de nommer. Plus que ce dernier, il a été doté d'une variété, d'une délicatesse de nuances veloutées qui l'emportent grandement sur l'harmonie et la diversité des teintes que, sur sa palette inépuisable, la nature a prises pour en orner notre bombyx européen.

Mercredi, 29 *août*.

Les bombyx continuent à naitre; ils restent généralement en repos pendant le jour, du moins changent peu de place. (Cependant il se fait quelques rapprochements sexuels, même lorsque le soleil brille sur l'horizon.) En revanche, les cynthia sont très alertes et très disposés à voler lorsque le crépuscule commence à arriver.

Jeudi, 30 *août*.

La plupart des bombyx sont éclos. Nous avons plus de mâles que de femelles. L'acte de fécondation se prolonge pendant longtemps : le mâle, comme la plupart des mâles chez les lépidoptères, ne vit que peu de temps après avoir procédé à la copulation. La femelle, après l'acte accompli, ne tarde point à grossir; son abdomen augmente singulièrement de volume; puis elle se traîne au fond de la caisse où elle est placée, et surtout grimpe le long de la boîte en bois, revêtue d'un filet où nous tenons nos élèves, et dépose, par tas, ses œufs derrière elle, s'aidant de ses pattes qu'elle appuie fortement contre les parois de la caisse pour les expulser, frottant même la partie inférieure de son abdomen, afin de rendre plus facile pour elle la sortie du produit de la conception. Les œufs sont deux fois plus gros que ceux du bombyx mori et agglutinés par une matière plastique très adhérente. Pendant la durée de l'accouplement, le mâle est animé d'un tremblement nerveux, remarquable surtout en ce que l'insecte bat des ailes d'une manière convulsive et presque continue.

Vendredi, 31 *août*.

Un de nos bombyx cynthia s'est échappé : il a volé tout à coup à une grande hauteur. C'était le soir; nous avons vainement mis, près de l'ouverture par laquelle il s'est enfui, une cage en osier, dans laquelle nous avions enfermé deux femelles (c'était un mâle); en vain nous avons suspendu toute la nuit une lampe allumée au chambranle de la fenêtre par où le vagabond avait pris la volée : le fugitif n'a point reparu.

Nous avons eu 51 papillons : 27 mâles et 24 femelles.

Excepté 9 cocons, qui ne semblent point devoir éclore cette année, mais qui, achevant leur métamorphose, laisseront échapper leur papillon sans doute l'année prochaine, toute notre éducation de bombyx cynthia est arrivée aux termes de ses transformations. Le nombre des œufs produits par la femelle du cynthia est bien moins considérable que celui donné par chaque femelle du bombyx mori. Aucune de nos femelles n'a pondu plus de 200 œufs : en moyenne, nous en avons compté de 150 à 180, divisés en 10 ou 15 paquets composés de 10 ou 15 œufs chacun, correspondant à autant de périodes de ponte.

Notre élevage achevé, nous avons voulu nous rendre compte du rendement en poids de nos cocons. Nous avons pris d'abord 4 cocons pleins et 4 cocons éclos : les 4 cocons pleins pesaient 8 gr. 60 c.; nous en avons pris ensuite 5 également remplis de leur chrysalide :

Ces cocons nous ont donné 9 gr. 60 c.; chaque cocon non éclos pesait donc en moyenne........................ 2 gr. 0,22 mill.

Même nombre de cocons vides a été placé comme les premiers dans le plateau d'une balance très sensible; les 4 premiers pesés n'avaient qu'un poids de. 1 gr. 60 c.

Les 5 autres celui de......................... 2 gr. »

Poids moyen de chaque unité................. » 40 cent.

Si nous avons égard au résultat de la 1re pesée il faudra pour 1 kilog. de cocons..................... 521 unités.

Si nous nous en rapportons à la seconde nous n'aurons plus besoin que de.......................... 465 id.

Si, enfin, nous prenons une moyenne des deux pesées, nous trouverons pour poids du kilog. le nombre 495 id.

Pour les cocons privés de leur chrysalide, nous trouverons pour résultat dans les deux pesées prises séparément ou collectivement, par kilogramme.... 2,500 id.

Avant de terminer ce travail, il nous parait convenable et utile de rechercher et de préciser les déductions qu'il comporte. Nous procèderons rapidement à cet examen.

De l'ensemble des observations relatives à l'éducation des vers du bombyx cynthia, élevés à l'asile du Gers en 1860, sur une petite échelle et dans des conditions un peu exceptionnelles, rien qui nous semble de nature à servir en quoi que ce soit à l'élucidation de la véritable question à résoudre de la possibilité de créer, grâce à l'introduction de cet insecte sétifère, une nouvelle et abondante source de revenus pour notre pays. Un seul résultat évident, absolu, ressort de cette éducation : le bombyx cynthia vit et peut prospérer dans le département du Gers. Mais, ce fait admis, la plus importante des propositions à étudier, celle à laquelle il serait réellement utile de répondre, surgit tout à coup. La nouvelle industrie séricigène en expérimentation offre-t-elle des chances sérieuses d'avenir? L'acclimatation du cynthia sera-t-elle pour la France une riche et importante conquête? Le fil soyeux que donnera son cocon paiera-t-il largement les soins que nécessitera l'éducation de sa chenille? M. Guérin-Méneville, dans son rapport à l'Empereur, à la date du 18 novembre 1860, et dans son traité sur l'éducation du bombyx indien, affirme que l'introduction de ce nouveau ver à soie est appelée à révolutionner l'industrie sétifère, à exercer sur notre production séricicole une influence aussi grande que celle qui eut lieu, au moyen-âge, par le fait de l'introduction en Europe de son congénère de la Chine, le bombyx mori.

Certes, nul plus que nous n'est désireux de voir se constituer, sur notre sol, un précieux et fécond élément de richesse publique; nul ne souhaite plus ardemment d'y voir se naturaliser la production du bombyx cynthia, d'où dépend, suivant le savant rapporteur que je viens de nommer, la création chez nous d'une source de revenus qui se comptera par millions; mais qu'il nous soit permis de craindre, cependant, que ces espérances, un peu hâtivement avancées peut-être, ne soient dans des temps prochains sujettes à des mécomptes. Depuis quelques années seulement, le bombyx cynthia vient d'être expérimenté en Algérie et en France, et le contingent complet des observations auxquelles il a donné lieu, faites avec tout le soin possible, et par des hommes essentiellement compétents, nous semble, néanmoins, être quelque peu minime comme chiffre de faits pour pouvoir tout d'abord préciser et conclure. Il est vrai, l'autorité des noms invoqués par M. Guérin-Méneville ne laisse en aucune façon la possibilité du doute sur les résultats obtenus; mais, quoi qu'il en soit, dans notre esprit et dans la pensée d'un grand nombre de personnes, nous en sommes sûrs, parce que nous avons reçu des communications sérieuses à ce sujet de la part d'hommes de science et d'industriels surtout, certaines difficultés, pour admettre l'ensemble des appréciations émises par M. Guérin-Méneville relativement aux immenses avantages que retirera la France de cette importation, continueront à exister jusqu'à plus amples observations, jusqu'à expérimentations plus nombreuses, et tant que la question du prix réel de revient et de la valeur nette du produit de l'élevage du bombyx cynthia ne seront pas plus absolument déterminées qu'elles ne le sont aujourd'hui.

D'ailleurs, quoique élevé en plein air, quoique demandant beaucoup moins de main-d'œuvre que le ver à soie ordinaire, il faut bien avouer néanmoins que, jusqu'à l'époque où il est assez fort pour être déposé sur les vernis plantés en plein champ destinés à le recevoir, et en raison de la cueillette de son cocon, une certaine mise de fonds est nécessaire pour l'éducation du cynthia. J'ajouterai aussi qu'il est indispensable de calculer une perte assez considérable résultant du fait des élevages à l'état sauvage; et M. Guérin-Méneville, quoique la considérant comme insignifiante, l'admet lui-même. Les oiseaux dévorent les jeunes chenilles; les insectes les piquent; les vers faibles encore tombent par terre et y meurent; les maladies, sous notre ciel souvent inclément, peuvent se mettre de la partie. Enfin, il faut bien aussi compter un peu sur des accidents qu'il est impossible de prévoir tout d'abord, la grêle, etc. Je parle ici des grandes éducations. Les petites, à moins de filets protecteurs, à moins qu'elles ne soient très multipliées dans la même contrée, ou enfin qu'elles ne soient gardées, me semblent à peu près impossibles : et ainsi se trouveraient privés de cet élément de travail ceux qui en auraient le plus sérieusement besoin, le petit propriétaire et l'ouvrier des campagnes, dont la femme ou la fille, maintenant encore, dans le midi du moins, s'occupent à élever une once ou deux de semence de vers à soie du bombyx mori. Mais je reviens aux pertes que doivent éprouver les éducations faites sur une large échelle. Eh bien ! cette perte ne nous semble pas avoir été élevée à son chiffre normal. Ce n'est pas que nous ne voulussions nous tromper à cet égard. Toutefois, nous croyons être dans le vrai en parlant comme nous le faisons. Et, de plus, car lorsqu'on écrit il faut tout dire, le poids du cocon est faible et sa matière textile est d'une valeur commerciale peut-être bien minime pour que, chaque chose compensée, il y ait un avantage aussi certain à produire des cocons du bombyx cynthia qu'il y en a eu autrefois à faire des vers à soie du bombyx mori. Nonobstant ces observations, il nous siérait mal de ne pas voir avec le plus vif intérêt des hommes de science aussi distingués que M. Guérin-Méneville tendre de tous leurs efforts à accroître la source de nos richesses et de la prospérité publique. Quand des calamités de toute sorte semblent conjurées pour diminuer les éléments de production agricole et industrielle, légués par nos pères, quand les fléaux qui ravissent à l'homme sa juste part de gain pour le travail obstiné avec lequel il cultive et plante le sol, nourrit et soigne les espèces animales qu'il s'est appropriées, sont loin de disparaître, ne mérite-t-il pas bien de la société, celui qui se dévoue à la recherche de nouveaux produits susceptibles de remplacer ceux qui, dans un avenir prochain, ne suffiront plus peut-être à notre consommation ?...

Auch, imprimerie et lithographie Félix Foix, rue Balguerie.

www.ingramcontent.com/pod-product-compliance
Ingram Content Group UK Ltd.
Pitfield, Milton Keynes, MK11 3LW, UK
UKHW020429180726
13839UKWH00003B/1412

9 782329 589435